Mes recettes pour animaux de compagnie, éprouvées et vraies

, fournies par les dames et amis de l'église St. Andrew, Québec

Divers

Writat

Cette édition parue en 2024

ISBN : **9789361465741**

Publié par
Writat
email : info@writat.com

Contenu

Des comptines à retenir...

" *Ayez toujours une sauce au homard avec du saumon et mettez de la sauce à la menthe sur votre agneau rôti.*

Dans la vinaigrette, respectez cette loi

.

Avec deux jaunes durs, utilisez-en un cru.

Rôti de porc, sans compote de pommes , sans doute.

Hamlet avec le Prince est-il laissé de côté.

Griller légèrement. votre bifteck, pour le frire, fait valoir le mépris du régime chrétien . Cela donne des vapeurs aux vrais épicuriens .

Voir du mouton bouilli sans câpres.

La dinde bouillie, les gourmands le savent, est exquise avec une sauce au céleri.

Rôti en pâte, un cuissard de mouton pourrait faire jouer les ascètes . le glouton.

Rôtir les poulets de printemps, c'est les gâter , il suffit de les fendre le dos et de les griller, l'alose farcie et cuite au four est la plus délicieuse, j'aurais servi du rôti de veau électrisé avec une riche sauce au bouillon , et des champignons marinés aussi .

, observez,

Le cuisinier mérite un bon coup de poing Qui sert du poulet rôti avec une farce insipide Mais on pourrait rimer ainsi pendant des semaines ,

Et j'ai encore beaucoup de choses à dire

Et ainsi je terminerai, pour le mien, C'est à peu près l'heure ; dîner."

SOUPE.

"Les meilleures soupes sont préparées avec un mélange de nombreuses saveurs. N'ayez pas peur de les expérimenter. Si vous faites une erreur, vous serez surpris de constater le nombre de variétés réussies que vous pouvez produire. Si vous aimez une saveur épicée, essayez deux ou trois clous de girofle, ou du piment de la Jamaïque, ou des feuilles de laurier. Toutes les soupes sont améliorées par une pincée d'oignon, à moins qu'il ne s'agisse des soupes blanches, ou des purées de poulet, de veau, de poisson, etc. Dans ces soupes, on ne peut utiliser que du céleri. ainsi que les soupes, une femme de ménage peut-elle être économe des restes de nourriture des repas. Une des meilleures cuisinières avait l'habitude de tout conserver, et annonça un jour, alors que sa soupe était particulièrement vantée , qu'elle contenait des miettes de. du pain d'épices de sa boîte à gâteaux ! Des oignons crémés issus d'un dîner, ou un peu de maïs cuit, de la purée de pommes de terre, quelques fèves au lard – même un petit plat de compote de pommes ont souvent ajouté à la saveur de la soupe. , ou des os de viandes rôties ou bouillies, peuvent être ajoutés à votre marmite . Un peu de beurre est toujours nécessaire dans la soupe aux tomates. Pour préparer le bouillon, utilisez un litre d'eau pour chaque livre de viande et d'os. Coupez la viande en morceaux, cassez les os, mettez le tout dans la bouilloire, versez dessus la quantité appropriée d'eau froide ; laissez-le tremper un moment au dos de la cuisinière avant la cuisson. Laissez la soupe bouillir lentement, jamais trop fort (une heure pour chaque livre de viande), passez-la au tamis ou dans un chiffon grossier. Ne laissez jamais la graisse rester sur votre soupe. Laisser refroidir et retirer, ou écumer chaud."

CROIX BRUN.

MME. W. CUISINER.

Quatre livres de jarret de bœuf ou d'autres viandes et os : quatre carottes, quatre oignons, un navet, une petite tête de céleri, une demi-cuillère à soupe de sel, une demi-cuillère à café de grains de poivre, six clous de girofle, cinq pintes d'eau froide. Coupez l'os de viande et placez-le dans une grande casserole, versez dessus l'eau, écurez à ébullition, préparez les légumes, ajoutez-les dans la casserole ; couvrir hermétiquement et faire bouillir lentement pendant quatre heures. L'épice doit être ajoutée aux légumes.

CRÈME DE CÉLERI.

MME. ERNEST F. WURTELE.

Un litre de bouillon de poulet ou de veau ; un litre de lait ; une demi-tasse de riz ; une cuillère à café de sel ; une tête de céleri ; assaisonnement. Utilisez pour cette soupe un litre de bouillon de poulet ou de veau et environ un litre de lait ; ramassez et lavez le riz, rincez-le bien à l'eau froide et mettez-le dans une casserole épaisse sur le feu avec une pinte de lait et une cuillère à café de sel ; laver une tête de céleri et râper les branches blanches en laissant le céleri râpé tomber dans le lait suffisamment pour le recouvrir ; mettez le céleri râpé avec le riz et laissez mijoter doucement jusqu'à ce que le riz soit suffisamment tendre pour passer au tamis avec un presse-purée, en ajoutant plus de lait si le riz absorbe ce qui a d'abord été mis avec lui. Après que le riz ait été passé au tamis, remettez-le dans la casserole, remettez-le sur le feu, et remuez-y progressivement le litre de bouillon ou de bouillon ; si cette quantité de bouillon ne dilue pas la soupe jusqu'à obtenir une consistance crémeuse, ajoutez un peu de lait ; laissez la soupe devenir brûlante, assaisonnez-la avec du sel, du poivre blanc et un très peu de muscade râpée, et servez aussitôt.

SOUPE DE CÉLERI.

MME. STOCKAGE.

Quatre grosses pommes de terre, trois gros oignons, six ou huit branches de céleri. Hachez très finement tous les légumes, placez-les dans une bouilloire en terre et couvrez d'eau bouillante, remuez souvent jusqu'à ce qu'ils soient cuits, puis ajoutez un litre de lait et laissez bouillir ; ajouter le beurre, le poivre et le sel au goût. Ce reçu servira à six personnes.

SOUPE À LA CRÈME DE POULET.

MME. DUNCAN-LAURIE.

Prenez la carcasse d'un poulet ou d'une dinde rôtie, cassez les os, couvrez d'un litre d'eau froide et laissez mijoter pendant deux heures en ajoutant de l'eau bouillante, pour conserver la quantité originale. Filtrer et remettre dans la bouilloire, ajouter un oignon haché, deux pommes de terre crues râpées, un demi-petit navet râpé et une demi-tasse de riz. Faire bouillir jusqu'à ce que le riz soit très tendre. Filtrez à nouveau, remettez dans la bouilloire et laissez bouillir, ajoutez une pinte de lait, une cuillère à café de fécule de maïs frottée dans une cuillère à soupe de beurre et un peu de sel et de poivre, servez chaud.

CONSOMME À LA TOLEDO – SOUPE CLAIRE.

Mlle Stevenson.

de colorant rouge et vert , deux cuillères à soupe de crème, les blancs et les coquilles de deux œufs, un verre de vin de xérès et un peu de muscade. Battez les deux œufs entiers, versez dessus la crème (chaude). Assaisonnez la crème anglaise avec du poivre, du sel et de la muscade, colorez- la moitié en rouge et moitié en vert, versez les deux parties dans des moules beurrés, pochez-la dans l'eau chaude jusqu'à ce qu'elle soit ferme. Battez les blancs et les coquilles d'œufs avec un peu d'eau froide, ajoutez-les au bouillon, versez-le dans une casserole et fouettez sur le feu jusqu'à ébullition ; dessiner d'un côté et laisser mijoter dix minutes. Coupez la crème anglaise en formes, rincez-la ensuite à l'eau tiède, émincez les cornichons, égouttez la soupe, ajoutez le vin et la garniture juste avant de servir.

SOUPE DE CHOU-FLEUR.

Un chou-fleur, deux jaunes d'œuf, une demi-pinte de crème, un litre de bouillon de poulet. Faire bouillir ensemble le bouillon et le chou-fleur, pendant vingt minutes, sortir le chou-fleur, réserver quelques-uns des meilleurs morceaux, passer le reste au tamis, mélanger les jaunes et la crème, les ajouter à la soupe, mettre le tout dans une casserole et remuer. sur le feu jusqu'à ce qu'il commence à épaissir, mettez les morceaux de chou-fleur dans une soupière et versez dessus la soupe ; le bouillon utilisé dans cette soupe est meilleur sans aucun autre légume.

SOUPE DE POISSON.

Deux livres de poisson cru, une cuillère à soupe de persil, une once et demie de beurre, une once de farine de riz, une demi-pinte de lait, un litre d'eau, du poivre et du sel. Faire bouillir ensemble les arêtes et la peau du poisson pendant une demi-heure. Filtrer, faire fondre le beurre dans une casserole, y incorporer la farine, ajouter l'eau filtrée de la poêle. Coupez le poisson en petits morceaux, ajoutez-le, salez et poivrez également, faites bouillir doucement une dizaine de minutes, ajoutez le persil au dernier moment.

SOUPE AUX ABAITS.

Mlle Beemer.

Abats de deux ou trois poules ; deux litres d'eau ; un en stock ; deux cuillères à soupe de beurre, idem de farine ; sel, poivre et oignon si désiré. Mettez les abats à bouillir dans l'eau et faites bouillir doucement jusqu'à ce qu'ils soient réduits à un litre (environ deux heures) ; sortez les abats, coupez les parties dures et hachez finement le reste. Remettez dans la liqueur et ajoutez du bouillon. Cuire le beurre et la farine ensemble jusqu'à ce qu'ils soient bien bruns et les ajouter à la soupe; assaisonner, cuire doucement une demi-heure ; incorporer une demi-tasse de chapelure et servir chaud quelques minutes plus tard.

SOUPE DE REINS.

Mlle Stevenson.

Un rognon de bœuf, un litre de bouillon ou d'eau, une cuillère à soupe de sauce Hardy, une cuillère à soupe de ketchup aux champignons, une once de beurre, une once de farine de riz, du poivre, du sel et du poivre de Cayenne.

Lavez et séchez le rein, coupez-le en fines tranches ; mélangez la farine, le poivre et le sel et roulez-y les rognons. Faites-les revenir rapidement dans le beurre, versez dessus le bouillon, écurez à l'ébullition. Ajouter la sauce et laisser mijoter lentement deux heures.

SOUPE AUX LENTILLES.

MME. THÉOPHILUS OLIVER.

Une demi-livre de lentilles, une carotte, un oignon, une once de jus de cuisson, du sel, du poivre en grains, un litre d'eau, une cuillère à soupe de farine. Faire tremper les lentilles toute la nuit, bien les laver, gratter la carotte et l'oignon coupés en morceaux. Mettez le jus de cuisson dans une casserole, lorsqu'il est chaud, ajoutez les légumes, les lentilles et la farine. Remuer pendant cinq minutes jusqu'à ce que toute la graisse soit absorbée, ajouter l'eau tiède, quelques herbes ficelées dans un peu de mousseline. Faire bouillir pendant une heure ou plus. Passer au tamis, remettre dans la casserole. Réchauffer et servir.

POTAGE À LA QUEUE DE BŒUF.

MME. W. CUISINER.

Divisez une queue de bœuf en longueurs d'un pouce et demi ; faites fondre une once de beurre dans une cocotte et faites-y revenir les morceaux en les retournant pendant cinq minutes. Ajoutez deux litres de bouillon ou d'eau et portez doucement à ébullition. Ajoutez une cuillère à café de sel et retirez délicatement l'écume au fur et à mesure qu'elle monte. Ajoutez une carotte, un navet et un oignon avec deux clous de girofle plantés dedans, un peu de céleri, un brin de macis et un petit bouquet de garum . Faites mijoter doucement deux heures et demie. Filtrez la soupe et mettez les morceaux de queue de bœuf dans l'eau froide pour les dégraisser. Mélangez doucement une once et demie de farine avec un peu d'eau froide, ajoutez au bouillon et laissez mijoter pendant vingt minutes. Ajoutez un peu de poivre de Cayenne, quelques gouttes de jus de citron et un verre de porto si vous le souhaitez et servez.

SOUPE AUX HUÎTRES.

Mlle MIRIAM STANG.

Un litre d'eau bouillante, un litre de lait, incorporer une tasse à thé de chapelure de craquelins roulés, assaisonner avec du poivre et du sel au goût. Quand tout arrive à ébullition, ajoutez un litre d'huîtres; remuez bien pour éviter de brûler, puis ajoutez un morceau de beurre de la taille d'un œuf ; laissez bouillir une seule fois, puis retirez immédiatement du feu.

CRÈME DE SOUPE AUX POIS.

Mlle Ruth Scott.

Une boîte de petits pois et une pinte d'eau, un tout petit morceau d'oignon, laisser bouillir une vingtaine de minutes, filtrer et écraser au tamis. Deux cuillères à soupe de beurre et une de farine, bien mélangées . Ajoutez cela aux petits pois. Enfin , ajoutez une pinte ou *plus de lait bouillant* . Mettez sur le feu jusqu'à ce qu'il épaississe, mais veillez à ne pas le laisser bouillir.

SOUPE PALESTINIENNE.

MME. W. CUISINER.

Lavez et parez deux livres d'artichauts et mettez-les dans une cocotte avec une tranche de beurre, deux ou trois tranches de couenne de lard ébouillantées et grattées et deux feuilles de laurier. Mettez le couvercle sur la cocotte et laissez les légumes « transpirer » sur le feu pendant huit à dix minutes, en secouant la poêle de temps en temps pour éviter qu'ils ne collent. Versez de l'eau pour couvrir les artichauts et laissez mijoter doucement jusqu'à ce qu'ils soient tendres. Passez-les au tamis, mélangez-y la liqueur dans laquelle ils ont été bouillis, faites chauffer la soupe et ajoutez le lait bouillant jusqu'à ce qu'il soit aussi épais qu'une crème double. Ajoutez du poivre et du sel au goût. Juste avant de servir, mélangez à la soupe un quart de litre de crème chaude. Cet ajout sera précieux, mais il pourra être supprimé

.

PURÉE DE PETIT POIS.

Mlle Stevenson.

Une pinte de pois verts, deux jaunes d'oeuf, une crème pour branchies, une pinte et demie de bouillon, du sel et du poivre. Égouttez les petits pois, mettez-les avec le bouillon dans une casserole et laissez mijoter vingt minutes ; passez-les au tamis, remettez-les dans la casserole, ajoutez les jaunes, la crème, le poivre et le sel, et remuez sur le feu jusqu'à ce que le mélange commence à épaissir ; ne le laissez pas bouillir. Un spray de menthe bouillie avec les petits pois est une grande amélioration.

PURÉE DE VEAU.

Quatre onces de veau pilé, une pinte de bouillon, une once de beurre, une once de farine, des jaunes de deux œufs, quelques gouttes de jus de citron, une demi-pinte de crème fouettée. Mélangez le veau et le beurre dans une casserole, ajoutez la farine, puis petit à petit le bouillon (chaud) bout. Mélangez les jaunes et ajoutez petit à petit la crème, quelques gouttes de cochenille, salez et poivrez, versez dessus très délicatement le contenu de la casserole.

SOUPE À LA TOMATE.

MME. HENRY THOMSON.

Une pinte de tomates cuites, ajoutez une pincée de soda, remuez jusqu'à ce qu'elle cesse de mousser, puis ajoutez une pinte d'eau bouillante et une pinte de lait, filtrez et mettez sur le feu et lorsqu'elle est proche de l'ébullition, ajoutez une cuillère à soupe de fécule de maïs, mouillez-la avec un peu de lait froid, une cuillère à soupe de beurre, un peu de poivre et du sel au goût.

SOUPE À LA TOMATE.

Mlle EDITH HENRY.

Prenez une boîte de tomates et ajoutez une demi-pinte d'eau. Laissez bouillir pendant une demi-heure jusqu'à ce que les tomates soient bien cassées. Ajoutez une cuillère à soupe de fécule de maïs dissoute dans un peu d'eau froide et mélangez bien. Assaisonnez avec du sel et du poivre au goût et un demi petit oignon. Ajoutez ensuite un litre de lait. Laissez bouillir et remuez bien pour que cela se mélange, et faites attention à ce que cela ne brûle pas au fond de la casserole.

SOUPE TURQUE.

MME. W. CUISINER.

Un litre de bouillon blanc, une demi-tasse de riz, des jaunes de deux œufs, une cuillère à soupe de crème, du sel et du poivre. En préparant cette soupe, faites d'abord bouillir le riz dans le bouillon pendant vingt minutes. Passez ensuite le tout au tamis métallique en frottant avec une cuillère la partie du riz qui pourrait coller, puis remuez bien pour éliminer les grumeaux que le riz aurait pu former et remettez le tout dans la casserole. Le jaune d'œuf, la crème, le poivre et le sel doivent maintenant être bien battus ensemble et ajoutés au bouillon et au riz , le tout agité sur le feu pendant deux minutes, en prenant soin d'éviter de bouillir après l'introduction des œufs, ou ils vont cailler. Cette soupe doit être servie très chaude et est excellente.

SOUPE AUX HARICOTS DE TORTUE.

Mlle Fraser.

Une pinte de haricots noirs, faites bouillir dans deux litres d'eau, un oignon, deux carottes, une petite cuillère à café de piment de la Jamaïque, cinq ou six clous de girofle, un petit morceau de bacon ou de jambon. Un bon os de rôti de bœuf ou de mouton, laissez le tout bouillir jusqu'à ce qu'il soit bien tendre, peut-être deux heures. Versez ensuite dans une passoire, retirez l'os et frottez tout le reste avec une cuillère en bois dans la passoire, si celui-ci est trop épais ajoutez un peu de bouillon ou d'eau. Quelques boulettes de viande peuvent être ajoutées.

POISSON ET HUÎTRES.

"Maintenant, une bonne digestion attend l'appétit,
Et la santé sur tous les deux." — MACBETH.

RÈGLE DE SÉLECTION DES POISSONS.

Si les branchies sont rouges, les yeux pleins et le poisson entier ferme et raide, il est frais et bon ; si au contraire les branchies sont pâles, les yeux enfoncés, la chair flasque, elles sont rassis.

MORUE AU FOUR.

MME. DAVID BELL.

Choisissez une morue fraîche de bonne taille, préparez-la à la cuisson sans la décapiter, remplissez l'intérieur d'une vinaigrette composée de chapelure, d'un oignon finement haché, d'un peu de suif haché, de poivre et de sel et humidifiez le tout avec un œuf. Coudre le poisson et cuire au four en l'arrosant de beurre ou en l'égouttant. Si c'est du beurre, méfiez-vous de trop de sel.

MORUE AU FOUR.

MME. STOCKAGE RM.

Choisissez très finement une tasse de morue; tremper plusieurs heures dans l'eau froide ; préparez deux tasses de purée de pommes de terre et mélangez bien avec un œuf, une tasse de lait, une demi-tasse de beurre, un peu de sel et de poivre ; mettez-le dans un plat allant au four et recouvrez le dessus de chapelure; humidifier avec du lait; cuire une demi-heure.

POISSON AU CURRY.

MME. W. CUISINER.

Une livre de poisson blanc cuit, une pomme, deux onces de beurre, un oignon, une pinte de bouillon de poisson, une cuillère à soupe de poudre de curry, une cuillère à soupe de farine, une cuillère à café de jus de citron ou de vinaigre, du sel et du poivre, six onces de riz. Tranchez la pomme et l'oignon, et faites-les revenir dans une poêle avec un peu de beurre, incorporez-y la farine et le curry, ajoutez le bouillon petit à petit ; écumer à ébullition et laisser mijoter lentement une demi-heure, y incorporer le jus de citron, ainsi qu'une toute petite cuillère à café de sucre ; égouttez et remettez dans la casserole, coupez le poisson en morceaux bien nets, et mettez-les également dans la casserole, lorsqu'ils sont bien chauds, plat avec une bordure de riz.

CRÈME DE POISSON.

MME. JG SCOTT.

Une boîte de saumon, un litre de lait, une tasse de farine, une tasse de beurre, trois œufs, une tasse de chapelure, une demi-tasse de fromage râpé, un oignon, un bouquet de persil, deux feuilles de laurier. Prenez le saumon en conserve, ou faites bouillir un poisson, et une fois refroidi, retirez les arêtes et cassez le poisson en petits morceaux. Mettez à bouillir un litre de lait, un oignon, un bouquet de persil et deux feuilles de laurier ; après ébullition, passez dans une passoire, puis ajoutez une tasse de farine mélangée avec du lait froid et une tasse de beurre ; battez trois œufs et versez-les dans le mélange. Mettez dans un plat allant au four en alternant les couches de poisson et de crème jusqu'à ce que le plat soit plein, en mettant la crème en haut et en bas. Déposez dessus une tasse de chapelure et une demi-tasse de fromage râpé. Sel au goût et poivre de Cayenne. Cuire au four vingt minutes.

MOULE À POISSON.

MME. UN CUISINIER.

Faire bouillir un églefin frais, retirer les os et le couper en morceaux, tremper du pain dans du lait ; mettez le poisson, le pain, un petit morceau de beurre, un ou deux œufs, du poivre et du sel dans un bol et battez bien ensemble. Mettez le mélange dans un moule et faites cuire à la vapeur, démoulez et décorez de persil. La sauce tomate est bien versée dans le moule une fois démoulée. Le poisson doit représenter environ deux fois la quantité de pain.

SAUCE TOMATE.

Six tomates, deux onces de beurre, une demi-once de farine, une demi-pinte de bouillon, une cuillère à café de sel, un quart de cuillère à café de poivre. Mettez les tomates dans une casserole et versez dessus le bouillon, salez et poivrez. Placez la casserole sur le feu et faites cuire doucement pendant une demi-heure. Placez un tamis métallique sur une bassine et frottez les tomates et le bouillon à travers le tamis. Faites fondre le beurre dans une casserole, ajoutez la farine, mélangez bien, versez sur les tomates et le bouillon et remuez sur le feu jusqu'à ébullition, lorsque la sauce est prête à l'emploi. Les tomates en conserve ne mettent pas si longtemps à bouillir.

POISSON PÉTONCELLE.

Mlle Ruth Scott.

Restes de poisson froid de toute sorte, une demi-pinte de crème, une demi-cuillère à soupe de sauce aux anchois, une demi-cuillère à café de moutarde faite, une demi-cuillère à café de ketchup aux noix, du poivre et du sel, de la chapelure. Mettez tous les ingrédients dans une cocotte, en retirant soigneusement le poisson des arêtes ; mettez-le sur le feu, laissez-le rester presque chaud et remuez de temps en temps. Mettez ensuite dans une assiette creuse, avec du pain et des petits morceaux de beurre dessus ; mettre au four jusqu'à ce qu'il soit presque doré. Servir chaud.

TARTE AU POISSON.

MME. ANDRÉ THOMSON.

Faites bouillir un aiglefin, prenez la meilleure partie du poisson, une pinte de lait et un morceau de beurre gros comme un œuf, une demi-tasse de farine, deux jaunes d'œufs, mélangez ensemble, puis mélangez bien avec le poisson. Mettez dans un plat à pudding, et prenez une demi-tasse de chapelure, une demi-tasse de fromage râpé, mettez au four une dizaine de minutes, salez et poivrez au goût.

HARENGS EN POT.

MME. DAVID BELL.

Écailler et nettoyer les harengs frais, puis en prenant le poisson par la queue, vous pourrez facilement retirer l'épine dorsale en la tirant vers la tête. Les petits os fondront dans le vinaigre ; retirez les têtes et enroulez chaque poisson, la queue à l'intérieur, et enroulez un fil autour de chaque rouleau, déposez-les dans le récipient dans lequel ils doivent rester jusqu'à leur utilisation, un pot en terre cuite en pierre est préférable. Faites bouillir avec des épices autant de vinaigre qu'il est possible de les recouvrir, versez-en sur les poissons et gardez-les au chaud sur le feu pendant environ une heure, lorsqu'ils seront bien cuits ; ne les laissez pas bouillir sinon ils se briseront. Conserver dans un endroit frais. Épices : poivre blanc entier, piment de la Jamaïque entier et une lame de macis si on l' aime .

Escalopes de homard.

MME. FARQUHARSON SMITH.

Hachez finement le homard, assaisonnez de poivre et de sel, faites-le bien et épais avec du beurre tiré. Mélangez suffisamment avec le homard pour qu'il colle ensemble. Façonner avec les mains des escalopes, les rouler dans la chapelure et les faire revenir dans le saindoux chaud.

La Sauce : — Réaliser une crème anglaise plutôt fine, assaisonner avec du poivre, du sel et un peu de muscade et de persil haché, la déposer sur les escalopes.

RAGOÛT DE HOMARD.

MME. ERNEST F. WURTELE.

Prenez un homard bouilli et ouvrez-le, coupez la viande en petits morceaux et mettez-la dans une casserole avec un litre de lait ; à l'ébullition, ajoutez deux cuillères à soupe de farine dissoute dans un peu d'eau et faites bouillir dix minutes. Assaisonner avec du sel, du poivre et un petit morceau de beurre. Juste avant de servir, versez un verre de vin de xérès. Le homard en conserve peut être utilisé avec de très bons résultats.

TARTE AUX HUÎTRES.—CÉLÈBRE.

Une tasse de beurre fondu est mise dans une casserole tapissée, et trois cuillères à soupe de farine bien frottée dans le beurre, une demi-cuillère à café de macis, un peu de poivre et de sel. On y met le jus des huîtres pour le fluidifier , et peu à peu un litre de lait bouillant pour un litre d'huîtres. Enfin, les huîtres sont introduites très soigneusement et portées à ébullition très courte. Le tout est assez épais et est ensuite disposé dans un plat à tarte recouvert de croûte à tarte ; on met une tasse de crème juste avant que les huîtres ne soient vidées dans le plat à tarte.

TARTE OU GALETTES AUX HUÎTRES.

Mlle MA RITCHIE.

Croûte :— Une livre de beurre, une livre de farine, une demi-tasse d'eau. Sauce :—Une cuillère à soupe de beurre, deux cuillères à soupe de farine, une tasse de crème ou de lait, une pinte d'huîtres.

HUÎTRES ESCALOPÉES.

MADAME JT

Beurrer le plat ; recouvrir le fond du plat de chapelure , ajouter une couche d'huîtres, assaisonner de poivre et de sel, puis de chapelure et d'huîtres jusqu'à obtenir trois couches. Terminez par la chapelure, recouvrez le dessus de petits morceaux de beurre, enfournez une demi-heure.

HUÎTRES À LA CRÈME SUR TOAST.

MME. STOCKAGE RM.

Un litre de lait, deux cuillères à soupe de farine, trois cuillères à soupe de beurre, du poivre et du sel. Mettre le lait au bain-marie, bien mélanger le beurre et la farine en ajoutant un peu de lait froid avant de l'incorporer au lait chaud ; cuisinier : Une pinte d'huîtres, laisser mijoter dans leur liqueur pendant environ cinq minutes, puis écumer, déposer dans la sauce à la crème. Préparez de fines tranches de pain grillé croustillant et déposez-les sur une assiette chauffée. verser sur la crème d'huîtres, servir aussitôt. Délicieux.

CROQUETTES D'HUÎTRES.

Mlle Stevenson.

Vingt-cinq huîtres, une cuillère à soupe de persil haché, trois onces de beurre, une once et demie de farine, un lait ou une crème pour branchies, une cuillère à café de jus de citron, un œuf, trois cuillères à soupe de chapelure, du sel et du poivre. Faire bouillir les huîtres dans leur liqueur cinq minutes, les couper en gros morceaux, faire fondre le beurre dans une casserole, incorporer la farine, ajouter la crème petit à petit, ainsi que la liqueur d'huître, faire bouillir deux minutes, ajouter ensuite le persil, le poivre et le sel. , mettez les huîtres et laissez refroidir le mélange. Formez-en ensuite des croquettes sur une planche légèrement farinée. Rouler dans l'œuf battu et la chapelure et faire revenir dans la graisse chaude pendant deux minutes.

SAUMON MOULÉ.

Mlle Marion Stowell pape.

Une boîte de saumon haché, une tasse de chapelure fine, quatre œufs cassés dans quatre cuillères à soupe de beurre fondu, une cuillère à café de persil haché, du poivre et du sel au goût. Mettre dans un moule nature beurré et saupoudrer de farine, couvrir et cuire à la vapeur une heure.

Sauce pour ce qui précède : — Une cuillère à café de fécule de maïs, un peu de beurre, une tasse et demie de lait, du poivre, du sel et de la muscade au goût. Un peu de ketchup aux tomates ou de sauce aux anchois ajouté. A ébullition, ajoutez un œuf bien battu ; verser autour du moule et servir chaud.

SAUMON À LA CRÈME.

Mlle H. BARCLAY.

On peut émincer du saumon finement, en retirer la liqueur. Pour la vinaigrette, faites bouillir un litre de lait, deux cuillères à soupe de beurre, du sel et du poivre au goût. Préparez une pinte de chapelure, placez-en une couche au fond du plat, puis une couche de poisson, puis une couche de vinaigrette, et ainsi de suite, en laissant de la chapelure pour la dernière couche, et faites cuire au four jusqu'à ce qu'elle soit dorée.

VIANDES.

VIANDES.

MME. DAVID BELL.

Pour rendre le steak de bœuf tendre, frottez une pincée de bicarbonate de soude sur chaque côté du steak environ une heure avant la cuisson et roulez-le sur lui-même pendant ce temps. Une très petite pincée de cassonade utilisée de la même manière est bonne, mais le soda est jugé préférable.

BOULETTES DE VIANDE.

MME. SE DANDINER.

Écrasez finement quelques pommes de terre, passez au tamis, incorporez les jaunes de deux œufs, une once de beurre, du poivre et du sel. Hachez finement du bœuf ou de la langue. Mélangez bien le tout , ajoutez un peu de persil, roulez en boules, recouvrez d'oeuf et de chapelure, faites revenir dans du saindoux chaud. Laissez-les sécher avant le feu sur du papier. Très bien.

BŒUF ÉPICÉ.

Frottez bien en une boule pesant quarante livres, trois onces de salpêtre , laissez reposer six ou huit heures, pilez trois onces de piment de la Jamaïque, une livre de poivre noir, deux livres de sel et sept onces de cassonade ; bien frotter le bœuf avec le sel et les épices. Laissez-le reposer quatorze jours en le retournant tous les jours et en frottant avec le cornichon, puis lavez les épices et mettez dans une casserole profonde, coupez six petits livres de suif, mettez-en un peu au fond de la casserole, la plus grande partie sur le dessus, couvrir de pâte grossière et cuire au four huit heures; à froid, retirez la pâte et versez le jus, elle se conservera six mois.

BŒUF ÉPICÉ.

Mlle Je Fraser.

Deux livres de steak cru de ronde, sans os, sans gras ni tendon, haché très finement, six biscuits soda roulés finement, une tasse de lait, deux œufs battus dans une cuillère à soupe de sel, une cuillère à dessert de poivre et ajoutez un peu d'épice. si tu veux. Beurrer un pot en terre cuite aussi grand en haut qu'en bas et presser très légèrement le mélange. Couvrir de beurre d'un demi-pouce d'épaisseur. Couvrir le pot d'une assiette et cuire au four pendant deux heures. Servir entier ou coupé en tranches. Un froid plus agréable.

BŒUF À LA MODE.

MME. C'EST SMYTHE.

Une demi-livre de viande, coupée en carrés de quatre pouces et de deux ou trois pouces d'épaisseur, ajoutez l'oignon finement haché, une cuillère à café de sel et une demi-cuillère à café de poivre, couvrez d'eau bouillante, placez dans un bocal et faites cuire au four pendant deux heures.

OLIVES DE BOEUF.

MME. GEORGE M. CRAIG.

De fines tranches de steak coupées en carrés de la taille d'une main ; faites une vinaigrette semblable au poulet, enfournez, puis mettez le steak et le rouleau, mettez dans la casserole avec un peu d'oignon et de beurre dans un peu d'eau, laissez mijoter pendant une heure et demie à deux heures.

Escalopes de viande froide.

MME. UN CUISINIER.

Une demi-livre de viande froide ou de poulet, une once de beurre, une once de farine, une cuillère de bouillon blanc branchial, une cuillère à café de persil haché, une demi- cuillère à café de muscade râpée, une petite cuillère à café de sel, une cuillère à café de poivre, le zeste râpé d'un demi-petit citron. Passez le poulet deux fois au hachoir, puis faites fondre le beurre, incorporez-y la farine, lissez-le parfaitement et ajoutez le bouillon, ne le laissez pas dorer, remuez jusqu'à ébullition et faites bouillir deux minutes, ajoutez le poulet (une fois bien cuit). sortira clairement de la poêle), ajoutez le poivre, le sel, la muscade, le persil et le citron, laissez refroidir. En utilisant du bœuf froid, une cuillère à café d'essence ou de pâte d'anchois est une amélioration, et pour le mouton, une cuillère à café de ketchup aux champignons. Lorsque le mélange est froid, mettre un peu de farine sur la planche pour éviter qu'elle ne colle et former des rouleaux à bords carrés, battre l'œuf, déposer sur du papier la chapelure mélangée au poivre et au sel, mettre les rouleaux d'abord dans l'œuf, puis dans la chapelure, disposer suffisamment graisse dans la poêle et quand la fumée blanche monte, mettez les rouleaux dedans et faites-les frire trois minutes, égouttez-les sur du papier. Une sauce brune peut être servie et une purée de pois ou de pommes de terre placée au centre .

JAMBON DE MOUTON SÉCHÉ.

MME. W. CUISINER.

Quart de livre de sel de laurier, idem de sel commun, une once de salpêtre , quatre onces de cassonade, une once de piment de la Jamaïque, quatre onces de poivre noir (entier), le piment de la Jamaïque ou une once de graines de coriandre doivent être meurtris et non moulus, un litre de eau : faire bouillir le tout quelques minutes et frotter à chaud. Dans trois semaines, les jambons seront prêts à être suspendus s'ils sont bien frottés quotidiennement avec le cornichon . Suffisamment de cornichon pour deux.

MOUTON BRAISÉ.

MME. ARCHIE CUISINIER.

Une épaule de mouton désossée, quatre onces de chapelure, deux onces de suif, le zeste d'un demi citron, un bouquet de légumes mélangés, une cuillère à soupe de persil haché, d'autres herbes si vous le souhaitez, un œuf, un peu de lait, une cuillère à café de sel, une demi-cuillère à café de poivre. Hachez finement le suif (ou la graisse de mouton fera l'affaire), ajoutez la chapelure, le persil, le zeste de citron râpé et le sel, humidifiez avec l'œuf et le lait. Placer le mélange dans le mouton, rouler et attacher solidement. Tranchez les légumes et mettez-les avec les os dans une casserole ainsi que deux clous de girofle, une feuille de laurier et des grains de poivre, versez dessus une pinte de bouillon ou d'eau, placez le mouton dessus et faites bouillir lentement environ une heure et demie selon la taille de la viande, puis badigeonnez recouvrez-le de glaçage ou saupoudrez de farine, de poivre et de sel et faites-le cuire au four pendant une demi-heure. Placer sur un plat, verser la graisse de la poêle et incorporer une demi-once de farine (dorée), ajouter le bouillon dans lequel la viande a été cuite, également une cuillère à soupe de ketchup aux champignons et une cuillère à soupe de sauce Worcester, du poivre et du sel, faire bouillir deux minutes et filtrer autour de la viande. Les légumes en stock peuvent être coupés pour décorer le plat.

Véritable ragoût irlandais.

MME. DUNCAN-LAURIE.

Prenez les pieds et les cuisses d'un cochon, coupés au niveau des jambons, deux suffiront pour une famille de huit personnes. Enlevez les cheveux et nettoyez-les soigneusement en enlevant les orteils par brûlage. Coupez les cuisses en morceaux adaptés à la cuisson, mettez-les dans l'eau froide et faites cuire lentement pendant trois heures. Parez et coupez neuf ou dix pommes de terre de bonne taille et ajoutez-les à votre ragoût avec du sel et du poivre, environ une demi-heure avant de servir. Une fois les pommes de terre mises dedans , il faut faire très attention pour éviter qu'elles ne collent à la casserole et ne brûlent, c'est pourquoi il faut remuer fréquemment avec une cuillère. Ce qui reste du dîner, versez dans un moule et cela deviendra une gelée, qui se déguste bien froide au petit-déjeuner.

POUR Ragoût UNE LANGUE FRAÎCHE.

MME. ARCHIE CUISINIER.

Lavez-le très bien et frottez-le bien avec du sel commun et un peu de salpêtre ; laissez-le reposer deux ou trois jours ; puis faites bouillir jusqu'à ce que la peau se décolle ; mettez-le dans une casserole avec une partie de la liqueur dans laquelle il a bouilli et une pinte de bon bouillon, assaisonnez avec du poivre noir et de Jamaïque, deux ou trois clous de girofle pilés. Ajoutez un verre de vin blanc, une cuillère à soupe de ketchup aux champignons et une de cornichon au citron, épaississez avec du beurre roulé dans la farine. Faites cuire la langue jusqu'à ce qu'elle soit bien molle dans cette sauce ; le vin peut être ajouté au moment du plat ou laissé de côté si vous préférez.

Langues d'agneaux cuites.
MME. ARCHIE CUISINIER.

Six langues, trois grosses cuillères à soupe de beurre, un gros oignon, deux tranches de carotte, trois tranches de navet blanc, trois cuillères à soupe de farine, une de sel, un peu de poivre, un litre de bouillon ou d'eau et quelques herbes douces. Faire bouillir les langues une heure et demie dans de l'eau claire, les prélever, couvrir d'eau froide et ôter les peaux. Mettez le beurre, l'oignon, le navet et la carotte dans la cocotte et faites cuire doucement pendant quinze minutes, puis ajoutez la farine et faites dorer en remuant tout le temps. Incorporez-y le bouillon et quand il bout, ajoutez les langues, le sel, le poivre et les herbes ; laisser mijoter doucement pendant deux heures. Coupez les carottes, les navets et les pommes de terre en cubes. Faire bouillir les pommes de terre dans de l'eau salée dix minutes et les carottes et navets une heure. Disposez les langues au centre d'un plat chaud, disposez les légumes autour, égouttez le jus, le tout. Garnir de persil.

FILET DE VEAU RÔTI.
MME. RATELIER.

Prenez un gigot de veau blanc et gras de bonne taille, pesant environ dix ou douze livres. Retirez délicatement la viande de l'os et retirez l'os. Ensuite, épinglez solidement la viande en un joli rond avec des brochettes ; remplir la cavité d'où l'os a été prélevé avec le pansement suivant. Rôtissez à four lent, en prévoyant un quart d'heure pour chaque livre, et assurez-vous de bien l'arroser de beaucoup de jus de bœuf.

PANSEMENT.

Préparez une tasse à café de chapelure , une cuillère à café de persil haché, une demi-cuillère à café de sarriette, du poivre et du sel au goût. Prenez un oignon de bonne taille, épluchez-le, coupez-le en tranches et faites-le bien revenir avec un morceau de beurre de la taille d'un œuf ; versez la liqueur dans votre chapelure et mélangez bien le tout. Attention à ne pas y mettre l'oignon, seulement le beurre frit et le jus d'oignon. Lorsque la viande est cuite, retirez-la de la poêle et préparez une riche sauce brune pour l'accompagner. Garnissez votre plat de bacon frit et de tranches de citron.

FARCE POUR VEAU.

MME. W.CLINT.

Hachez très finement une demi-livre de suif de bœuf, mettez-le dans une bassine, avec huit onces de chapelure, quatre onces de persil haché, une cuillère à soupe à quantités égales de thym et de marjolaine en poudre, le zeste d'un citron râpé, le jus de la moitié un; assaisonner avec du poivre, du sel et un quart de muscade; mélanger le tout avec deux œufs ; cela fera également l'affaire pour la dinde ou le poisson au four.

PUDDING DU YORKSHIRE.

MME. GEORGE CRESSMAN.

Deux œufs, quatre cuillères à soupe de farine, un peu de sel et du lait pour obtenir une pâte de l'épaisseur d'une crème. Lorsque le bœuf est rôti, versez le jus bouillant dans une autre casserole, incorporez la pâte et faites cuire au four jusqu'à ce qu'elle soit bien dorée.

JEU.

ACCOMPAGNEMENTS. — Avec canards sauvages, sauce concombre, gelée de groseilles ou sauce canneberges.

CANARD RÔTI AUX POMMES.

Mlle Beemer.

Plumez et flambez un canard, égouttez-le sans lui casser les intestins, essuyez-le avec un torchon mouillé et déposez-le dans un plat allant au four ; essuyez une douzaine de petites pommes aigres avec un chiffon humide, découpez les trognons sans casser les pommes, et disposez-les autour du canard ; mettre la poêle dans un four chaud et faire dorer rapidement le canard, puis modérer la chaleur du four et poursuivre la cuisson pendant une vingtaine de minutes, ou jusqu'à ce que les pommes soient tendres mais pas cassées, arroser le canard et les pommes toutes les cinq minutes jusqu'à ce qu'elles soient terminé, puis servez-les sur le même plat. C'est une grande amélioration, pensent certains, que d'étuver le canard pendant quinze minutes avec un oignon dans l'eau, et la forte saveur de poisson, parfois si désagréable chez les canards sauvages, aura disparu. Une carotte répondra au même objectif.

CAILLES RÔTIES AVEC SAUCE AU PAIN.

Épluchez et émincez un oignon et mettez-le sur le feu dans une pinte de lait ; plumez et flambez une demi-douzaine de cailles, arrachez-les sans casser les intestins, coupez la tête et les pattes, et essuyez-les avec un torchon mouillé ; frottez-les partout avec du beurre; assaisonnez-les de poivre et de sel, et faites-les rôtir à feu très vif pendant quinze minutes en les arrosant trois ou quatre fois de beurre. Disposez quelques tranches de pain grillé en dessous pour récupérer le jus de cuisson. Pendant que les oiseaux rôtissent, préparez une sauce au pain comme suit : roulez un bol d'une pinte de pain sec et tamisez les miettes ; utilisez les plus belles pour la sauce, et les plus grosses pour la friture plus tard ; retirez l'oignon du lait dans lequel il a bouilli, incorporez au lait la plus fine partie de la chapelure, assaisonnez-le avec une cuillère à soupe de poivre blanc et une grille de muscade, incorporez une cuillère à soupe de beurre et remuez la sauce jusqu'à ce que c'est lisse; placez ensuite la casserole qui le contient dans une casserole d'eau bouillante pour la maintenir au chaud ; mettez deux cuillères à soupe de beurre sur le feu dans une poêle, et quand elle est bien chaude, mettez-y la moitié grossière des miettes, saupoudrez-les de poivre de Cayenne et remuez-les jusqu'à ce qu'elles soient légèrement dorées ; puis mettez-les aussitôt sur un plat chaud ; mettez la sauce au pain dans une saucière prête à l'envoyer à table. Faire en sorte que la chapelure frite, la sauce et les cailles soient cuites en même temps ; servez les oiseaux sur les toasts qui ont été déposés sous eux ; au moment de servir les cailles, disposez chaque oiseau sur une assiette chaude, versez dessus une grosse cuillerée de sauce au pain et par-dessus une cuillerée de chapelure frite.

STEAK DE CHEVAIL.

MME. ERNEST F. WURTELE.

Prenez un morceau de chevreuil congelé et mettez-le dans de l'eau dans laquelle on a mis deux cuillères à soupe de vinaigre. Il suffit de laisser jusqu'à ce que la glace remonte à la surface de la viande, de retirer la viande et de retirer la glace avec un couteau ; essuyez et farinez bien, mettez un bon morceau de beurre dans la poêle ; laissez dorer, mettez le steak dans du sel et du poivre, faites-le frire des deux côtés, puis ajoutez une tasse de lait riche, poussez la casserole vers l'arrière du feu, couvrez-la et laissez-la mijoter lentement pendant une heure et demie - Si le steak est très sec, lardé de porc salé avant de le faire frire.

PIGEONS À L'ÉCOUPE.

MME. HARRY-LAURIE.

Pour deux paires de pigeons, farcissez d'abord avec du pain, de la sarriette, du beurre, du poivre, du sel. Mettez huit ou neuf tranches de porc gras, dans une marmite en fer, à frire, jusqu'à ce que le porc soit bien doré , puis sortez-le et mettez-y les pigeons et laissez-les bien dorer, continuez à les retourner pour éviter de brûler. Ajoutez ensuite un demi-litre de bouillon, assaisonnez si besoin, remettez les tranches de porc et laissez mijoter une heure et demie (au moins) tranquillement. Si la sauce n'est pas assez épaisse, ajoutez une cuillère à soupe de farine brune. Environ un quart d'heure avant la cuisson, mettez dans une boîte de petits pois. Puis servez.

Ragoût de lièvre.

Peut être préparé de la même manière que ci-dessus pour les pigeons en compote, avec l'ajout d'épices : quelques clous de girofle, et un peu plus de cannelle.

SAUCE AU PAIN.

MME. BENSON BENNETT.

Une demi-pinte de lait bouilli pour une tasse de chapelure fine, un petit oignon, deux clous de girofle, un morceau de macis, du sel au goût, laisser mijoter cinq minutes, ajouter un petit morceau de beurre.

GELÉE DE CANNEBERGE.

Parer, couper en quartiers et épépiner douze pommes acidulées de bonne taille, les placer dans une bouilloire en porcelaine avec deux litres de canneberges, bien couvrir d'eau froide et laisser mijoter jusqu'à ce qu'elles soient tendres, puis passer dans un sac de gelée, ajouter à ce jus deux livres de sucre glace, et faites bouillir comme n'importe quelle autre gelée, jusqu'à ce qu'elle tombe de l'écumoire ; lorsque vous le trempez dans l'écume, retirez la mousse qui apparaît lors de l'ébullition, mettez-le dans des moules et laissez-le raffermir avant de l'utiliser.

VÊTEMENTS SIMPLES POUR VOLAILLES.

MME. W.CLINT.

Une tasse et demie de chapelure (pas trop rassis), une cuillère à café bien remplie de persil, de thym et de sarriette, une cuillère à dessert de beurre, une demi cuillère à café de sel, un quart de cuillère à café de poivre, mélanger le tout avec un peu de lait.

VINAIGRETTE UNIE POUR OIES ET CANARDS.

Une tasse de chapelure ou de pommes de terre, une tasse ou plus d'oignons cuits, une cuillère à soupe de sauge, du poivre, du sel et un peu de beurre, mélanger avec un peu de lait.

LÉGUMES.

"Des cuisiniers joyeux font de chaque plat un festin." - MASSINGER.

Faites toujours bouillir l'eau lorsque vous y mettez vos légumes et laissez-la constamment bouillir jusqu'à ce qu'ils soient cuits . Faites cuire chaque sorte seule lorsque cela vous convient. Tous les légumes doivent être bien assaisonnés .

POMMES.

MME. DAVID BELL.

Lorsque le tonneau de pommes que vous avez acheté commence à vous inquiéter, car elles peuvent se gâter plus vite que vous ne pouvez les utiliser, un bon plan est de les éplucher, les épépiner et les mélanger avec très peu de sucre et de les visser dans votre confiture. bocaux. Ils se conserveront quelques mois et seront pratiques pour garnir une tarte ou comme compote de pommes , etc. ; ils n'ont pas besoin d'être trop cuits et certaines des variétés les plus fermes peuvent rester dans des quartiers suffisamment solides pour une tarte. Un autre plan consiste à peler mais sans évider les aliments suspects, puis à les laisser congeler, une fois congelés, à les emballer dans une boîte et à les couvrir. Conservez-les là où ils ne décongeleront pas. Lorsque vous désirez un plat de pommes au four, mettez-les dans votre plat allant au four, saupoudrez-les d'un peu de sucre et enfournez-les rapidement sans les laisser décongeler, une fois cuites, elles doivent être chacune entières et d'une jolie couleur brune .

HARICOTS.

Les haricots sont un bon légume d'hiver, mais cuits avec du porc sous forme de « fèves au lard », ils sont trop forts pour un usage quotidien, mais constituent un aliment recherché, cuit plus simplement . Choisissez les petits haricots blancs, mettez-les dans une casserole avec autant d'eau froide que possible pour bien les recouvrir et une petite pincée de bicarbonate de soude ; quand ils ont mijoté quelques minutes, égouttez l'eau et remplacez-la par de l'eau chaude et un peu de sel ; si possible, laissez-les cuire sans trop bouillir ; lorsqu'ils sont tendres, égouttez-les et garnissez-les d'un généreux morceau de beurre et d'une pincée de poivre. Ils sont également bons jetés lorsqu'ils sont égouttés dans la poêle avec un peu de jus de cuisson, du poivre et du sel, et chauffés quelques minutes sur le feu . La seule attention dont ils ont besoin en cuisine est de peur qu'ils ne se transforment en soupe lorsqu'ils sont presque cuits.

Betteraves frites.

MME. DUNCAN-LAURIE.

Faire bouillir jusqu'à tendreté, trancher et mettre dans une casserole avec une cuillère à café de vinaigre, la moitié du jus d'un citron, une demi -cuillère à café de sucre et de sel, une grille de muscade et une pincée de poivre. Ajoutez deux cuillères à soupe de bouillon, une cuillère à café de beurre et laissez mijoter une demi-heure.

CHOU À LA CRÈME.

Mlle Je Fraser.

Coupez un chou de taille moyenne en quartiers. Retirez la tige, mettez-la dans une bouilloire d'eau bouillante, faites cuire une dizaine de minutes, égouttez et couvrez d'eau froide. Cela détruira l'odeur si désagréable. Une fois froid, hachez-le finement, salez et poivrez. Faites une sauce avec deux cuillères à soupe de beurre, une cuillère à soupe de farine, mélangez doucement, ajoutez une pinte de lait ; cuire lentement dans cette sauce pendant trois quarts d'heure.

CONCOMBRES À L'ÉCOUPE.

MME. DAVID BELL.

Épluchez un joli concombre droit, coupez-le en quatre dans le sens de la longueur, retirez toutes les graines et coupez-le en morceaux d'environ trois pouces de long ; jetez-les dans une casserole d'eau bouillante avec un peu de sel. Lorsqu'ils plient sous le toucher, ils sont cuits, égouttez-les dans une passoire, puis mettez-les dans une cocotte avec un morceau de beurre de bonne taille, du persil finement haché, du sel et du poivre. Remuez sur le feu jusqu'à ce que le tout soit bien chaud et servez dans un plat chaud.

CHOU D'HUÎTRE.

MME. DM CUISINIER.

Hachez finement un demi -chou, faites-le bouillir une dizaine de minutes et égouttez-le. Couvrez ensuite le chou de lait et laissez bouillir, ajoutez les miettes de craquelins roulées, le beurre de la taille d'une noix, le sel et le poivre au goût.

OMELETTE DE MAÏS.

Faire bouillir une demi-douzaine d'épis de maïs, couper le maïs en épi; battre quatre œufs séparément, ajouter au maïs les jaunes battus, saler et poivrer, mettre les blancs en dernier, faire revenir dans une poêle avec beaucoup de beurre.

MACARONI ET FROMAGE.

Mlle H. BARCLAY.

Faire bouillir un quart de livre de macaroni dans l'eau pendant une demi-heure, laisser refroidir et hacher. Préparez une sauce avec une cuillère à soupe de beurre, une cuillère à dessert de farine, une demi-pinte de lait et une cuillère à café de moutarde. Faire bouillir une minute; mélanger le tout avec trois onces de fromage râpé. Mettre dans un plat peu profond, saupoudrer de fromage. Cuire une croûte dorée et garnir de pain grillé.

MACARONI.

MME. THOM.

Une demi-livre de macaroni, une demi-livre de fromage, un quart de livre de beurre, une pinte de lait, de la moutarde et du poivre de Cayenne. Faire bouillir les macaronis dans du sel et de l'eau jusqu'à ce qu'ils soient tendres, égoutter et déposer dans un plat. Mettez un litre de lait sur le feu, juste avant l'ébullition, ajoutez une cuillère à soupe de farine frottée dans un peu de lait froid, le beurre, presque tout le fromage râpé, la moutarde et le poivre de Cayenne. Faire bouillir jusqu'à obtenir une crème anglaise épaisse, puis verser sur les macaronis, saupoudrer le reste de fromage de quelques petits morceaux de beurre ; s'il est utilisé immédiatement, faites cuire vingt minutes, s'il refroidit une demi-heure.

OIGNONS À LA CRÈME.

MME. JS THOM.

Eplucher autant d'oignons de bonne grosseur que nécessaire et couvrir d'eau bouillante, faire bouillir une dizaine de minutes, puis égoutter. Couvrir à nouveau d'eau bouillante à laquelle ajouter une demi-cuillère à café de sel et cuire jusqu'à tendreté. Égouttez soigneusement et mettez les oignons dans un plat allant au four, déposez sur chacun une cuillère à café de beurre, ajoutez du poivre et du sel selon votre goût, puis remplissez le plat à moitié de lait et recouvrez d'une couche de chapelure fine. Cuire au four jusqu'à ce qu'il soit brun délicat.

HUÎTRES DE MAÏS.

MME. VERRE FRANC.

Une pinte de maïs vert râpé, deux cuillères à soupe de lait, deux œufs, deux cuillères à soupe de beurre, de la farine pour faire une pâte. Faire frire avec du beurre.

CRÊPES AUX HUÎTRES.

MME. SE DANDINER.

Un litre de lait nouveau, trois œufs, une demi- douzaine de maïs vert râpé, une demi-tasse de beurre fondu, une cuillère à café de sel et de poivre. Fariner suffisamment pour obtenir une pâte fine, faire frire avec du beurre.

POMMES DE TERRE BRILLÉES AUX OEUFS.

Mlle Grace Macmillan.

Huit pommes de terre bouillies froides, hachées finement. Mettez dans la casserole un morceau de beurre de la taille d'un œuf. Quand il fond, incorporez les pommes de terre en les remuant jusqu'à ce qu'elles soient dorées, puis versez quatre œufs bien battus et mélangez-les bien aux pommes de terre. Servir très chaud.

PATATES DOUCES FARCIES.

MME. ARCHIBALD LAURIE.

Quatre patates douces de grande taille cuites au four jusqu'à ce qu'elles soient tendres, puis coupées soigneusement en deux. Coupez un morceau à chaque extrémité pour qu'ils tiennent debout, puis retirez-le en laissant la peau parfaite. Écrasez finement la pomme de terre avec une vinaigrette aux œufs comme suit : faites bouillir quatre œufs durs, écrasez les jaunes en une pâte avec de la crème pour diluer, du sel et du poivre au goût et un peu de moutarde si vous le souhaitez ; avec ce mélange, remplissez les peaux, placez un morceau de beurre dessus et enfournez jusqu'à ce qu'elles soient bien dorées. Servir dans des soucoupes individuelles avec un petit doyley en dessous.

FRILL DE POMMES DE TERRE.

MME. VERRE FRANC.

Faire bouillir et écraser quelques pommes de terre, en travaillant avec un peu de lait et de beurre mais pas assez pour ramollir la pâte ; pendant qu'il est chaud, ajoutez un œuf battu. Façonnez cette pâte en forme de clôture sur le rond intérieur d'un plat peu profond, en la cannelant avec le manche rond d'un couteau. Mettre une minute dans un four chaud mais pas assez longtemps pour que la clôture se fissure. Badigeonnez rapidement de beurre et versez délicatement la viande dans le mur. Le hachis ne doit pas être si fin qu'il puisse emporter le volant.

BOUFFÉ DE POMMES DE TERRE.

Mlle Cordélia Jackson.

Prenez deux tasses de purée de pommes de terre froide et incorporez-y six cuillères à café de beurre fondu, en battant jusqu'à obtenir une crème blanche avant d'ajouter autre chose. Ajoutez ensuite à cela deux œufs battus très légèrement et une tasse à café de crème ou de lait, en salant selon votre goût. Bien battre le tout, verser dans un plat creux et cuire à four rapide jusqu'à ce qu'il soit bien doré . S'il est bien mélangé, il sortira du four léger, gonflé et délicieux.

POIRES DE POMMES DE TERRE.

MME. JS THOM

Faire bouillir six ou huit grosses pommes de terre, une fois bien cuites , les écraser soigneusement en ajoutant un peu de beurre, de crème, de poivre et de sel. Façonner en forme de poires, mettre une gousse dans la tige, badigeonner d'œuf battu et mettre au four pour dorer légèrement.

FRICASSÉ DE POMMES DE TERRE.

MME. JT SMYTHE.

Couper en fines tranches une demi-livre de porc salé gras. Mettre dans une cocotte , une fois doré, ajouter un oignon émincé et un peu d'eau froide, cuire quelques minutes. Coupez un certain nombre de pommes de terre de bonne taille , ajoutez-les à l'oignon et au porc et à une demi-cuillère à café de poivre. Bien couvrir d'eau froide. Laissez bouillir fort pendant des heures. Si environ une demi-heure avant de servir, vous constatez qu'elle n'est pas assez épaisse, retirez le couvercle et faites bouillir jusqu'à ce qu'elle épaississe.

POIS À LA SAUCE CRÈME.

MME. STOCKAGE.

Mettez un litre de petits pois dans une bouilloire d'eau bouillante salée et faites cuire quinze minutes ; égouttez, mettez une cuillère à soupe de beurre dans une casserole, ajoutez une cuillère à soupe de farine, mélangez ; ajoutez une tasse de lait; remuer constamment jusqu'à ébullition; ajoutez du sel, du poivre puis les petits pois ; laisser reposer sur de l'eau bouillante environ cinq minutes et servir de garniture sur des ris de veau cuits au four, grillés ou frits.

RIZ À LA CRÈME.

MME. LAURENT.

Deux tiers de tasse de riz cru, un litre de lait, une demi-tasse de sucre, aromatisé avec du zeste de citron ou de muscade râpé. Cuire dans un plat à tarte à four modéré pendant une heure et demie.

POUR FAIRE BOUILLIR LE RIZ.

Mlle M. SAMPSON.

Ayez suffisamment d'eau bouillante avec une pincée de sel pour bien couvrir le riz, faites bouillir pendant vingt minutes, ne remuez pas, passez dans une passoire une fois cuit et servez.

ÉPINARDS SUR TOAST.

MME. VERRE FRANC.

Cuire une vingtaine de minutes dans de l'eau bouillante salée. Égoutter et hacher finement. Mettez une cuillère à soupe de beurre dans une casserole avec une cuillère à café de sucre, une pincée de muscade, du poivre et du sel. Incorporer les épinards et battre doucement pendant qu'ils chauffent; enfin, ajoutez une cuillère à soupe de crème ou deux de lait. Verser sur des tranches de pain grillé beurrées sans croûte posées sur un plat plat.

MOELLE LÉGÈTE.

MME. DAVID BELL.

Couper en tranches d'un demi-pouce d'épaisseur, peler et retirer la partie spongieuse ; faire frire dans du beurre chaud, du poivre et du sel; Il est également agréable de faire une pâte légère et d'y tremper les tranches, puis de les faire frire jusqu'à ce qu'elles soient dorées.

ENTRÉES ET VIANDES RÉCHAUFFÉES.

CROQUETTES DE BOEUF.

Mlle Francis Fry.

Deux tasses de bœuf (haché finement), une tasse de bouillon, deux livres de farine, une livre de beurre, une cuillère à café de jus de citron ou de vinaigre, idem d'oignon et de sel, une demi-cuillère à café de poivre, deux œufs, du pain ou de la chapelure de biscuits. Faire une sauce épaisse en faisant cuire de la farine et du beurre ; ajouter progressivement le bouillon et le jus de citron, assaisonner ; ajouter la viande hachée avec l'oignon et un œuf. Cuire cinq minutes et laisser refroidir. Façonner en forme de rouleau dans l'œuf battu et la chapelure, et faire revenir dans du saindoux bouillant.

CRÈME DE POULET.

MME. ARCHIE CUISINIER.

Pilez trois quarts de livre de poulet, de veau ou de lapin jusqu'à ce qu'ils soient bien lisses, puis pilez une demi-livre de panada (pain trempé dans du lait chaud), et mélangez les deux ensemble, ajoutez deux cuillères à soupe de sauce soubise épaisse, une once et quart beurre, deux cuillères à soupe de xérès, un peu de poivre et de sel et trois œufs entiers. Passer le mélange au tamis fin puis ajouter deux cuillères à soupe de crème épaisse. Beurrez quelques petits moules à timbale et remplissez-les du mélange en n'oubliant pas de frapper les moules sur la table après y avoir mis le mélange et de les cuire à la vapeur une quinzaine de minutes. Démoulez-les délicatement et servez chaud. La sauce tomate versée autour d'eux est une amélioration. Si vous préférez, ils peuvent être froids et agrémentés de gelée aspic et d'un ragoût de truffes, de langue cuite ou de jambon et champignons de Paris, ou encore d'un peu de salade de tomates .

SAUCE SOUBISE.

Mettez quelques oignons à tremper une dizaine de minutes dans de l'eau bouillante. Épluchez-les, coupez-les en deux ou en quatre. Mettez-les dans une petite casserole avec un morceau de beurre frais ; laisser mijoter très lentement jusqu'à ce que les oignons soient bien cuits, saler au goût ; épaissir avec de la farine, ou de la farine et de la chapelure fine, et ajouter de la crème ou du lait. Passer au tamis , il doit être épais et lisse . Certaines personnes aiment une pincée de sucre.

POULET EN GELÉE.

MME. ARCHIBALD LAURIE.

Prenez une vieille volaille, faites-la bouillir jusqu'à ce qu'elle soit si tendre que les os quitteront la viande ; laisser refroidir : le lendemain, dégraisser et réduire à un litre, y ajouter une once de feuille de gélatine préalablement trempée dans un peu d'eau froide. Poivrer et saler au goût, avec un peu de sarriette moulue. Mettez la viande dans un plat à tarte et ajoutez progressivement le liquide pour éviter d'avoir la viande au même endroit. Cela devrait être bon à froid.

RÉALISER UNE DOUZAINE DE CROQUETTES DE POULET.

MME. ANDRÉ THOMSON.

Blanc de deux poulets bien hachés, un verre de xérès, une demi-pinte de crème, du poivre et du sel et un peu de poivre de Cayenne au goût, bien mélanger et mettre dans un moule beurré ; cuire à la vapeur pendant une heure.

MOULE À POULET. (Servi froid.)

MADAME JT

Mettez un gros poulet dans une pinte et demie d'eau froide, avec un oignon de taille moyenne, trois branches de céleri et un petit bouquet de persil. Laisser mijoter doucement (sans bouillir) pendant deux heures. Retirez ensuite le poulet, retirez la viande des os et coupez-la en morceaux d'environ un pouce de long. Remettez les os dans le bouillon et laissez bouillir jusqu'à trois quarts de pinte. Ajoutez progressivement deux tasses de crème dans laquelle a été dissoute une cuillère à soupe de farine . Lorsque la farine a épaissi, retirez du feu et ajoutez deux œufs bien battus et un tout petit peu de muscade. Garnir un moule de tranches d' œuf dur et de brins de persil. Verser le mélange de poulet. Laisser prendre et servir sur des feuilles de laitue. Cela servira à huit personnes.

CURRY. (Excellent.)

MME. W. CUISINER.

Prenez quelques petits oignons, hachez-les très finement, mettez-les dans une poêle avec un morceau de beurre, faites-les revenir sur le feu jusqu'à ce que les oignons soient bien dissous et deviennent légèrement bruns. Coupez la viande en petits morceaux et mélangez bien la poudre de curry dans la viande crue. Mettez-le dans une cocotte avec un oignon et une pomme finement émincés et une cuillère à café de crème, et laissez mijoter le tout pendant deux ou trois heures. Il ne faut pas que ça bout.

RÉCHAUFFÉ DE POISSON

Une livre de poisson cuit, une cuillère à soupe de ketchup aux champignons, de l'essence d'anchois, de la sauce Harvey's et de la moutarde, une once de beurre, de la farine roulée et une demi-pinte de crème, un mur de pommes de terre. Divisez le poisson en flocons, placez-le avec la crème et le beurre dans une cocotte jusqu'à ce qu'il soit très chaud. Écrasez les pommes de terre et ajoutez-y une cuillère à soupe de crème, un jaune d'œuf, du poivre et du sel ; Beurrez bien un moule mural et saupoudrez de chapelure dorée, et mettez-le au four jusqu'à ce qu'il soit chaud, démoulez-le sur un plat argenté et versez le ragoût au centre . Garnir de citron et de persil.

CROQUETTES DE POISSON.

Mlle Fry.

Écrasez les pommes de terre fraîchement bouillies , ajoutez un œuf et de la farine pour obtenir une pâte ferme. Étalez finement et coupez avec un emporte-pièce rond. Étaler sur une moitié du gâteau le poisson haché mélangé au persil, replier et presser les bords. Faire frire dans le saindoux.

CROQUETTES HOMINÉES.
MME. BENSON BENNETT.

À une tasse de hominy bouilli froid, ajoutez une cuillère à soupe de beurre fondu et remuez, en humidifiant peu à peu avec une tasse de lait en battant jusqu'à obtenir une pâte douce et légère, une tasse à thé de sucre blanc et enfin un œuf bien battu . Rouler en boules ovales avec les mains farinées dans l'œuf et la chapelure et faire revenir dans le saindoux chaud.

TÊTE EN POT.
Mlle EDITH M. HENRY.

Prendre le jarret (inférieur) de viande, couvrir d'eau, faire bouillir jusqu'à ce qu'il soit suffisamment tendre pour pouvoir le couper en dés, retirer et couper la viande en dés, puis remettre dans la marmite, parfumer avec du poivre, du sel, du macis, des graines de céleri, poivre de Cayenne, piment de la Jamaïque et clous de girofle. Préparez ensuite un peu de gélatine , mélangez bien le tout et laissez bouillir un court instant, puis versez dans un moule froid.

KEGEREE.

MME. BENSON BENNETT.

Une tasse de riz fraîchement bouilli, un demi-quart de saumon bouilli, deux œufs à la coque, un morceau de beurre, du sel et du poivre. Mélangez le tout et mettez-le dans un moule à vapeur.

FOIE DIABLE.
MME. HENRY THOMSON.

Pour trois livres de foie cru, un quart de livre de porc salé non cuit, une demi-pinte de chapelure, trois cuillères à soupe de sel, une cuillère à café de poivre, une demi-cuillère à café de poivre de Cayenne, du macis et des clous de girofle. Mode.—Hachez très finement le foie et le porc, ajoutez les autres ingrédients en mélangeant bien, mettez-le dans un moule couvert , mettez-le dans une casserole d'eau froide, couvrez et mettez sur le feu pour cuire deux heures. Sortez le moule , découvrez-le et laissez-le reposer à four ouvert pour évacuer la vapeur. C'est un plat froid.

CROQUETTES DE VIANDE.

MADAME JT

Une cuillère à soupe de beurre, une cuillère à soupe de farine, deux cuillères à soupe de bouillon, une cuillère à soupe de lait. Laisser bouillir jusqu'à épaississement, puis ajouter une petite cuillère à café de jus d'oignon (râpé), une cuillère à café de jus de citron, une petite cuillère à café de zeste de citron, du poivre et du sel, une râpe de muscade. Une fois bien mélangé, ajoutez un œuf battu, une tasse de viande hachée (n'importe quelle sorte). Laissez ce mélange refroidir dans une assiette creuse et roulez-le en croquettes en forme de liège avec de la chapelure finement râpée et faites-le frire dans du saindoux chaud. Servir sur une serviette avec du persil et du zeste de citron.

MOCK PÂTÉ DE FOIE GRAS.

MME. BLAIR.

Frottez cinq fois le fond d'une cocotte avec un morceau d'ail fraîchement coupé, mettez-y trois livres de foie de veau lardé, avec deux échalotes hachées, une feuille de laurier, une feuille de laurier, un brin de macis, quatre grains de poivre, deux clous de girofle, une cuillère à soupe de sel, une cuillère à soupe de sucre en pain et une demi-pinte de bouillon : laissez mijoter doucement pendant quatre heures. Coupez ensuite le foie en fines tranches, placez-le dans une bassine et recouvrez-le de liquide : laissez-le reposer jusqu'au lendemain. Ensuite, réduisez le foie en pâte, ajoutez une cuillère à soupe de sel, une cuillère à soupe de poivre blanc ; ajoutez trois quarts de livre de beurre clarifié; bien piler et passer au tamis métallique; mettre dans des pots; lisser le dessus avec un couteau, puis verser sur du beurre clarifié chaud ou du saindoux et réserver au frais.

CROQUETTES DE POMMES DE TERRE.

MME. JG SCOTT.

Prenez deux tasses de purée de pommes de terre froide, battez-les avec deux cuillères à soupe de beurre fondu et trois œufs, formez des petits pains, recouvrez de poussière de crackers ou de chapelure et faites frire.

Ragoût de rein.

MME. BARROW SEPTIMUS.

Une cuillère à soupe de farine, une demi-cuillère à soupe de sel, une cuillère à soupe de poivre, trois bouillons de branchies ou d'eau, une cuillère à soupe de ketchup aux champignons, deux onces de beurre ou de graisse de bacon. Premièrement : lavez le rein et retirez le noyau, coupez-le en fines tranches ; mélanger le poivre, le sel et la farine, y rouler les rognons. Faites-le revenir rapidement dans le beurre, puis ajoutez du bouillon ou de l'eau ; bien écumer et cuire très lentement pendant deux heures.

Ragoût de ris de veau.

MME. ERNEST WURTELE.

Faites tremper les ris de veau dans de l'eau et du sel pendant vingt minutes, puis sortez-les, essuyez-les bien et enlevez la peau. Faites-les bouillir pendant vingt minutes ou une demi-heure, après quoi vous les faites mijoter dans un peu de lait jusqu'à ce qu'ils soient tendres, ajoutez un peu de sel et de poivre, faites un peu de sauce avec le lait et servez. Utilisez une double bouilloire pour mijoter.

ENTRÉE FROIDE.

MME. FRANC DUGGAN.

Une entrée qui comble le besoin de poisson pour le déjeuner. Prendre le contenu d'une boîte de sardines, hacher finement avec une fourchette en argent en enlevant les morceaux d'os, les queues, etc., etc., ajouter du sel de céleri, du poivre et du sel selon votre goût, une cuillère à soupe de jus de citron, un quart de cuillère à café de sauce Worcester. , quelques gouttes de sauce Harvey's, la même chose de sauce aux anchois. Ajoutez une cuillère à soupe de câpres. Mélangez soigneusement le tout avec un peu de crème épaisse, (sucrée), ou de mayonnaise. Façonner en pyramides miniatures et servir sur des feuilles de laitue : garnir ensuite le plat de persil. Une boîte de sardines suffira pour réaliser quatre pyramides. Du céleri finement haché peut être ajouté avant la mayonnaise.

TOMATES FARCIES (ENTRÉE CHAUDE.)

MME. JAMES LAURIE.

Six tomates, trois onces de viande blanche cuite de toute sorte, une petite échalote, une cuillère à café de persil haché, du poivre et du sel, deux cuillères à soupe de chapelure, un œuf. Retirez le centre des tomates; coupez la viande en tout petits morceaux, mélangez-la avec la chapelure , le persil, l'échalote, le poivre, le sel et l'œuf. Avec cela farcissez les tomates, mettez un petit morceau de beurre sur chacune et enfournez quinze minutes dans un bon four.

MOCK TURQUIE.

MME. HENRY THOMSON.

Trois livres de veau, un quart de livre de porc salé, une tasse de chapelure finement hachée (une grande tasse à café), deux œufs, une cuillère à café de sel, autant de poivre, un peu d'herbes douces, cuire à la vapeur pendant quatre heures.

TURBOT À LA CRÈME AU GRATIN.

MADAME JT

Faire bouillir vingt minutes un litre de lait avec un oignon, un bouquet de persil, un bouquet de thym ; mélanger un peu de lait froid, un quart de tasse de farine et ajouter progressivement au lait bouilli du sel, du poivre et une râpe de muscade. Lorsqu'il est épais, retirez du feu, ajoutez un quart de livre de beurre frais, les jaunes, deux œufs et deux cuillères à soupe de gruyère râpé. Passer au tamis grossier et verser sur deux livres et demi de poisson bouilli, désossé et émietté, en mettant dans le plat d'abord une couche de sauce, puis une couche de poisson, une autre couche de sauce et une autre de poisson. Sur la couche supérieure, mettre la sauce, saupoudrée de chapelure et de gruyère râpé. Faire dorer une demi -heure au four et servir. Cette quantité servira dix ou douze personnes.

LANGUE GELÉE.

Mlle Mitchell.

Prenez une langue cornée, faites-la tremper pendant douze heures puis faites-la bouillir doucement, épluchez-la et mettez-la dans votre moule . Préparez un demi-paquet de gélatine et un demi-citron finement coupé, déposez-le sur la langue et versez votre gelée dessus. Démoulez à froid.

SALADES ET VINAIGRES À SALADE.

"Pour faire une salade parfaite, il faut un dépensier pour l'huile, un avare pour le vinaigre, un sage pour le sel et un fou pour remuer les ingrédients et bien les mélanger." - PROVERBE ESPAGNOL.

SALADE DE POMMES ET CÉLERI.

MME. STOCKAGE RM.

Un jour, chez une charmante amie,
Dans des plats d'un bleu délicat,
J'ai mangé quelque chose de bon qui m'a beaucoup intrigué,
Le secret que je vais te dire.

2. "Cela ressemble à de la salade, ma chère," dis-je,
" C'est du céleri que je vois sûrement ,
et de la mayonnaise jaune, épaisse et riche,
quelle peut être cette saveur rare."

3. "Une pomme ferme et épicée", dit-elle en souriant,
"Coupée en morceaux comme des dés -
J'en ai mis à parts égales, avec du céleri blanc,
Et ma salade a été faite en un tour de main."

SALADE DE CHOU.

MME. SMYTHE.

Coupez un chou en petits morceaux. Placer dans l'eau pendant quelques heures avec un oignon émincé finement. Jetez l'eau, passez dans une passoire. Couvrez-le de vinaigrette et laissez-le reposer pendant cinq ou six heures. Quelques betteraves peuvent être hachées finement et placées avec ; cette salade se conserve quelques jours.

VINAIGRETTE.

Une tasse de crème, une cuillère à soupe de sucre, une cuillère à dessert de moutarde, une demi-cuillère à dessert de poivre et de sel, un petit oignon émincé finement, quelques radis tranchés, deux œufs durs. Écrasez les jaunes dans la crème, une pincée de menthe, deux cuillères à soupe de vinaigre. Si la crème n'est pas assez épaisse, écrasez les pommes de terre et mélangez-les. La crème sure peut être utilisée ainsi que la crème sucrée.

SALADE DE POULET.

Mlle Stevenson.

Un poulet froid, une cuillère à café de poivre blanc, une demi-tête de céleri, un grain de Cayenne, des jaunes d'œufs, une cuillère à soupe de vinaigre, une cuillère à soupe de câpres, une tête de laitue, une huile de salade de branchies, une cuillère à soupe de crème, du blanc d'œuf battu à une mousse ferme. Coupez le poulet en petits morceaux carrés et retirez la peau. Le céleri doit être bien lavé et également coupé en morceaux de taille similaire. Mettez dans un bol les jaunes d'œufs, déposez-y goutte à goutte l'huile, et battez-les ensemble, le mélange doit ressembler à une crème épaisse, ajoutez le vinaigre. Mettez le poulet et le céleri ensemble dans un saladier et versez dessus le composé, saupoudrez également de poivre, de sel et de poivre de Cayenne ; bien mélanger le tout à la fourchette. Disposez la laitue sur le pourtour du saladier, saupoudrez le dessus de câpres et décorez le centre de pointes de céleri.

SALADE DE HOMARD, POULET OU VEAU.

MME. AJ ELLIOT.

Découpez finement un poulet (rôti ou bouilli), salez et poivrez bien, ajoutez une grosse ou deux petites têtes de céleri et si homard un peu de betterave et le blanc d'un œuf dur . Écrasez le jaune avec une pincée de sel, une demi-cuillère à café de poivre, une grosse cuillère à café de moutarde, deux cuillères à café de cassonade, une cuillère à café d'huile d'olive ou de beurre fondu, un verre de vinaigre ; bien mélanger avec un œuf cru bien battu, une demi-pinte de crème sure ou sucrée, et mélanger avec les autres ingrédients : garnir soit de salade, soit de persil. C'est excellent.

SALADE DE POULET DE LAITUE.

MME. DUNCAN-LAURIE.

Après avoir écorché une paire de poulets froids, hachez-les ou divisez-les en petits fils. Mélangez-y un peu de langue fumée ou de jambon froid, râpé plutôt que haché. Préparez une ou deux belles laitues fraîches, lavées, égouttées et coupées en petits morceaux. Mettez la laitue coupée dans un bol, placez dessus le poulet émincé en tas serré au centre . Pour la vinaigrette : les jaunes de quatre œufs bien battus, une cuillère à café de sucre blanc, un peu de poivre de Cayenne, pas de sel : si vous avez du jambon ou de la langue avec le poulet deux cuillères à café de moutarde faite, deux tables de vinaigre et quatre tables de salade huile. Remuez bien ce mélange, mettez-le dans une petite casserole et laissez bouillir trois minutes (pas plus), en remuant tout le temps, puis laissez refroidir, lorsqu'il est bien froid, recouvrez-en épais le tas de poulet au centre de la salade. Pour le décorer, préparez une demi-douzaine d'œufs durs qui, une fois la coquille retirée, doivent être jetés directement dans une casserole d'eau froide pour éviter toute décoloration. Coupez chaque œuf (blanc et jaune ensemble) dans le sens de la longueur, en quatre gros morceaux de taille et de forme égales, disposez les morceaux sur la salade tout autour. le tas de poulet dans une direction oblique. Préparez également quelques betteraves rouges froides, coupées en petits cônes de taille égale, disposez- les à l'extérieur du cercle de l'œuf. Cette salade doit être préparée immédiatement avant le dîner ou le dîner. Plus il fait froid, mieux c'est.

SALADE DE SAUMON OU DE HOMARD.

MME. ANDREW T. AMOUR.

Deux œufs, deux cuillères à soupe de beurre fondu, une cuillère à soupe de moutarde, une demi-tasse de lait (avec une petite pincée de bicarbonate de soude pour éviter le caillage), une demi-tasse de vinaigre, du sel et du poivre. Mélanger la moutarde et le beurre, puis les œufs bien battus, le lait, bien mélanger, ajouter le vinaigre, faire bouillir doucement jusqu'à obtenir une consistance épaisse comme de la crème. Le céleri haché et ajouté donne une belle saveur et un croustillant. S'il est cuit au bain-marie, il risque moins de brûler. Cela se marie bien avec le poulet ou l'agneau.

QUELQUE CHOSE DE BIEN POUR LE PLAT DE SALADE D'UN DÉJEUNER.

MME. FRANC DUGGAN.

Sélectionnez des tomates rondes de taille égale; épluchez et retirez les graines de l'extrémité de la tige. Placez les tomates sur la glace juste avant de servir; puis remplissez de céleri finement haché et mélangé à de la mayonnaise. Disposez les tomates farcies sur les feuilles de laitue dans un plat ou une assiette. Garnissez davantage le plat en plaçant les extrémités du céleri et les brins de persil sur chaque tomate. Servir avec du fromage grillé, des biscuits ou des gaufrettes salées. Soyez généreux avec la garniture. Utilisez beaucoup de mayonnaise et de céleri et remplissez les tomates jusqu'au sommet.

VINAIGRETTE.

MME. R. STUART.

Deux œufs (bien battus), une tasse de lait sucré, une demi-tasse de vinaigre (peu) une cuillère à café de moutarde mélangée, une cuillère à soupe de beurre (fondu). Poivrer et saler au goût, *bien mélanger* . Mettez dans une bouilloire d'eau bouillante et remuez jusqu'à ce qu'elle épaississe (environ quatre minutes). Au moment de l'utiliser, ajoutez deux cuillères à soupe de crème.

SANDWICHS À SALADE.

MME. J. LAURIE.

Pour vingt-quatre tranches de pain beurré, prenez deux petites tomates, une petite laitue, une botte de cresson, deux cuillères à soupe d'huile de salade, une cuillère à soupe de vinaigre, du poivre et du sel. Râpez finement toute la salade. Mélangez bien avec la vinaigrette et mettez-en un peu sur la moitié du pain et du beurre. Couvrir avec l'autre moitié, presser et couper soigneusement.

SALADE SANS HUILE.

MME. GILMOUR.

Les jaunes de deux œufs bouillis une demi-heure, un demi- œuf, une cuillère de moutarde, une cuillère à dessert de sucre, une pincée de sel, un peu de poivre. Une tasse de crème sure ou sucrée, une cuillère à dessert de vinaigre.

VINAIGRETTE POUR TOMATES.

MME. AJ ELLIOT.

Une demi-tasse de beurre, une tasse de lait sucré, une tasse de vinaigre, une cuillère à soupe de sel, deux cuillères à soupe de moutarde, une pincée de sucre et de poivre de Cayenne et quatre œufs. Coupez les tomates en tranches et disposez-les en couches. Garnir le plat de salade ou de persil.

MÉTHODE : Ébouillanter le lait et faire fondre le beurre avec, verser cela sur les œufs bien battus, ajouter le sel puis le vinaigre, ce dernier lentement, et remuer tout le temps. Cuire ensuite dans une casserole dans l'eau chaude, jusqu'à ce qu'elle soit aussi épaisse qu'une crème anglaise, une fois froide, ajouter la moutarde.— La moutarde préparée est préparée comme suit : deux cuillères à soupe de moutarde, une cuillère à café de sucre, une demi-cuillère à café de sel, suffisamment d'eau bouillante pour mélanger. La moitié de cette quantité est suffisante pour un usage ordinaire. La recette ci-dessus convient également au poulet.

ŒUFS.

Humpty Dumpty était assis contre le mur.
Humpty Dumpty a fait une belle chute.
Tous les chevaux du roi et tous les hommes du roi
n'ont pas pu faire reculer Humpty Dumpty.
- MÈRE POULE.

Essayez la fraîcheur des œufs en les mettant dans l'eau froide ; ceux qui coulent le plus tôt sont les plus frais.

N'essayez jamais de faire bouillir un œuf sans regarder l' horloge . Mettez les œufs dans l'eau bouillante. Dans trois minutes, les œufs seront cuits à la coque ; en quatre minutes la partie blanche sera cuite ; dans dix minutes, ils seront assez durs pour une salade.

CONSERVER LES OEUFS.

MME. FARQUHARSON SMITH.

(Ce qui les garde de juin à juin.)

Un demi-gallon de chaux fraîche à cinq gallons d'eau ajoutés par degrés, deux gallons et demi le premier jour, le reste ensuite, puis ajoutez un demi-gallon de gros sel, remuez deux ou trois fois par jour pendant trois jours, après cette goutte. dans quatre œufs doucement. Pour tester la force de la goutte d'eau de chaux dans un œuf que vous savez frais, et si elle flotte, la chaux est trop forte, ajoutez un autre gallon ou plus d'eau jusqu'à ce que vous trouviez l'œuf tomber au fond.

OEUFS CURÉES.

Mlle Mitchell.

Faites bouillir six œufs bien durs, puis écalez-les et coupez-les en deux ; Avoir tiré du beurre pas trop épais, parfumer avec de la poudre de curée . Disposez vos œufs sur un accompagnement, versez votre curée en rond et terminez par du persil : cela fait un joli plat de midi.

ŒUFS POCHÉS.

Avoir des toasts bien coupés, chauds et beurrés, avec un peu de pâte d'anchois. Après avoir poché vos œufs, disposez-les sur les toasts et saupoudrez-les de persil finement haché. Garnir le plat de persil.

OEUFS D'ANCHOIS.

MADAME JT

Faites bouillir trois œufs durs, retournez-les dans l'eau pendant les deux premières minutes. Laisser bouillir une heure ; coupez-le en deux, retirez les jaunes et laissez les blancs dans l'eau froide pour ne pas se décolorer. Pilez trois anchois dans un mortier avec une cuillère à soupe de beurre, une petite pincée de poivre, un shake de Cayenne, une demi-cuillère à café de jus de citron et les jaunes d'œufs. Une fois pilé, remettez-le dans les œufs. Des sardines peuvent être utilisées à la place des anchois.

OEUFS FARCIS.

MME. W.CLINT.

Trois œufs, une cuillère à café de beurre, une cuillère à café de persil, deux cuillères à soupe de jambon haché. Faire bouillir les œufs pendant dix minutes ; ôtez les coquilles, coupez dans le sens de la longueur, sortez les jaunes, écrasez-les dans une bassine, ajoutez le beurre fondu, le jambon émincé et le persil. Mettez le mélange dans les blancs d'oeufs. Assemblez les deux moitiés. Servir sur un plat peu profond avec la sauce blanche suivante : une cuillère à soupe de beurre, de farine et de sel, une tasse de lait, une cuillère à soupe de sel et de poivre. Faire fondre le beurre, ajouter la farine, puis le lait (petit à petit), du poivre et du sel.

OMELETTE AU FOUR.

MME. DUNCAN-LAURIE.

Une tasse de lait bouillant, battez les jaunes de quatre œufs, ajoutez le lait chaud et une cuillère à soupe de beurre fondu, mouillez trois cuillères à café de farine dans un peu de lait froid, ajoutez les blancs battus et battez le tout, salez et poivrez au goût. Cuire au four vingt minutes.

OMELETTE AU FROMAGE.

MME. HENRY THOMSON.

Trois œufs bien battus, du fromage râpé de la taille d'un œuf, du sel, trois cuillères à soupe de crème fraîche.

OMELETTE.

Mlle M'GEE.

Sept œufs, une tasse de lait, une cuillère à café de farine, du persil, du poivre et du sel. Battre les blancs et les jaunes séparément, ajouter le lait, le poivre, le sel, le persil haché et la farine dissoute dans un peu de lait, puis ajouter les blancs, mettre dans la poêle, laisser sur le feu pendant trois minutes et mettre au four pendant cinq minutes.

OMELETTE.

MME MAUD THOMSON.

Les jaunes de quatre œufs battus, quatre cuillères à soupe de lait, une pincée de sel : battre les blancs des quatre œufs le plus fort possible, les ajouter à ce qui précède, les mettre dans une poêle, jusqu'à ce que le mélange prenne puis enfourner. jusqu'à ce qu'ils soient dorés.

PLATS DE FROMAGE.

PAILLES AU FROMAGE.
MME. J. MACNAUGHTON.

Mélangez une tasse de n'importe quel bon fromage râpé avec une tasse de farine, la moitié une cuillère à soupe de sel, une pincée de poivre de Cayenne et du beurre de la taille d'un œuf. Ajoutez suffisamment d'eau froide pour pouvoir rouler finement. Couper en lanières et cuire cinq à dix minutes à four rapide.

Pétoncle au fromage.
Mlle Fraser.

Faites tremper une tasse de chapelure séchée dans du lait frais. Battez-y les jaunes de trois œufs, ajoutez une cuillère à café de beurre et une demi-livre de fromage râpé. Répartissez sur le dessus de la chapelure tamisée et faites cuire une croûte délicate. Monter les blancs des trois œufs en une mousse ferme ; déposer dessus et remettre au four quelques minutes.

LE PLAT-CHAFING.

Une relish et une savoureuse.

RAREBIT GALAIS.

Mlle Grace M'Millan.

Prévoyez pour chaque personne un œuf, une cuillère à soupe de fromage râpé, une demi- cuillère à café de beurre, une cuillère à soupe de sel et quelques grains de Cayenne. Cuire comme une crème anglaise jusqu'à consistance lisse. Étaler sur du pain grillé et servir aussitôt.

RAREBIT GALAIS.

Mlle Beemer.

Sélectionnez le fromage américain le plus riche et le meilleur (le fromage canadien fera l'affaire), le plus doux sera le mieux, car la fonte fait ressortir la force. Pour faire cinq morceaux rares, prenez une grille de fromage d'une livre et mettez-la dans la casserole ; ajoutez de la bière (la vieille est la meilleure) suffisamment pour éclaircir suffisamment le fromage, disons environ un verre de vin pour chaque morceau rare. Placer sur le feu , remuer jusqu'à ce qu'il soit fondu . Préparez une tranche de pain grillé pour chaque morceau (croûtes parées) ; mettez une tranche sur chaque assiette et versez suffisamment de fromage sur chaque morceau pour le recouvrir. Servir *immédiatement* .

BUCK D'OR

Un "Golden Buck" est simplement l'ajout d'un œuf poché qui est soigneusement placé sur du rarebit.

HOMARD À LA NEWBURG.

MME. JG SCOTT.

Deux livres de homard, une demi-tasse de crème, deux œufs (durs), une cuillère à soupe de farine, deux cuillères à soupe de vin de Xérès, deux cuillères à soupe de beurre, du sel et du poivre de Cayenne au goût. Cassez la chair de homard en morceaux moyennement petits, écrasez les jaunes d'œufs avec une cuillère en argent et ajoutez progressivement la moitié de la crème. Mettez le beurre dans une casserole en granit , ajoutez la farine, laissez cuire doucement pendant une minute puis versez le reste de crème et remuez jusqu'à ce que le liquide épaississe. Ajouter le premier mélange puis la chair de homard et les blancs d'œufs émincés, assaisonner de poivre de Cayenne et de sel, ajouter le vin et servir aussitôt.

HOMARD À LA NEWBURG.

MME. HARRY-LAURIE.

Deux cuillères à soupe de beurre, une cuillère à soupe de farine, remuez jusqu'à consistance lisse, ajoutez une tasse de crème, laissez chauffer, puis ajoutez une boîte de homard. Poivre et sel au goût et une demi-tasse de vin de Xérès ou de Porto, si désiré ; servir immédiatement sur des carrés de pain grillé. Le poulet ou le saumon en conserve peuvent être préparés de la même manière.

COCKTAIL D'HUÎTRES.

Mlle RITCHIE.

Une cuillère à dessert de sauce tomate, un shake de tabasco, une pincée de raifort , environ une demi-douzaine d'huîtres, et la même chose sur le dessus. Servir dans des petits verres sur une assiette entourés de glace pilée et accompagnés de biscuits aux huîtres.

CRUSTINE.

MME. UN CUISINIER.

Faites bouillir le foie de deux poulets (ou une dinde fera l'affaire), réduisez-les en pâte avec un morceau de beurre de la taille d'une noix, une cuillère à café d'anchois et un peu de poivre de Cayenne. Servir sur des toasts chauds. Les petits anchois entiers, posés dessus sont une amélioration.

TARTES.

« Qui ose nier la vérité, il y a de la poésie dans la tarte. » — LONGFELLOW .

"Il faut faire preuve d'ingéniosité, de bon sens et de beaucoup de soin pour réaliser toutes sortes de pâtisseries. Utilisez de l'eau très froide et le moins possible ; roulez finement et toujours à partir de vous ; piquez le fond de croûte avec une fourchette pour éviter les cloques ; puis badigeonnez. bien avec le blanc d'œuf et saupoudrer de sucre cristallisé. Cela vous donnera une croûte ferme et riche.

"Pour toutes sortes de tartes aux fruits, préparez la croûte inférieure comme ci-dessus. Faites cuire les fruits et sucrez-les au goût. S'ils sont juteux, mettez une bonne couche de fécule de maïs sur le fruit avant de mettre la croûte supérieure. Cela empêchera le jus et formera une belle gelée sur toute la tarte. Assurez-vous d'avoir beaucoup d'incisions dans la croûte supérieure, puis pincez-la étroitement sur le bord ;

TARTE À LA CRÈME À LA NOIX DE COCO.

M. JOSEPH FLEIGE.

(Boulanger, Hôtel Grenoble, NY)

Placer sur une assiette à tarte creuse une fine couche de croûte à tarte, mettre un bon rebord sur le côté et y mettre une demi-tasse de noix de coco séchée ; complétez avec une crème anglaise composée comme suit : trois œufs, trois onces de sucre battu avec un arôme de citron, de vanille ou de muscade, un peu de sel et ajoutez une pinte de lait. La crème anglaise doit avoir trois quarts de pouce d'épaisseur.

Garniture pour tarte au citron.

MME. JAMES LAURIE.

Mélangez deux tasses de sucre blanc, les jaunes de trois œufs, le jus de deux citrons, le zeste râpé d'un demi citron ; mettez-le sur le feu à ébullition et ajoutez immédiatement une tasse de thé d'eau bouillante, remuez doucement, puis ajoutez deux cuillères à soupe de fécule de maïs, mélangée dans un peu d'eau froide, et une cuillère à soupe de beurre, faites bouillir jusqu'à ce qu'elle soit crème.

TARTE AU CITRON.

MME. GEORGE CRESSMAN.

Râpez un citron, mettez-le à bouillir avec deux tiers de tasse d'eau pendant dix minutes, passez au tamis fin, puis ajoutez une tasse de sucre, le jus d'un citron et du beurre la moitié de la taille d'un œuf, laissez bouillir un quelques minutes. Mélangez deux cuillères à café de fécule de maïs et le jaune d'un œuf dans une demi-tasse de lait, incorporez le mélange et laissez bouillir jusqu'à épaississement. Battre les blancs de deux œufs en une mousse ferme pour le glaçage.

TARTE AU CITRON.

MME. ÉTRANGE.

Prenez deux citrons, trois œufs, deux cuillères à soupe de beurre fondu, huit cuillères à soupe de sucre blanc ; pressez le jus des citrons et râpez le zeste d'un, mélangez les jaunes de trois œufs et le blanc d'un avec le sucre, le beurre, le jus et le zeste, puis une tasse (à café) de crème sucrée ou de lait, battez le tout pendant un moment. minute ou deux ; préparez une assiette tapissée de pâte, dans laquelle versez le mélange qui suffira pour deux tartes de taille ordinaire. Cuire au four jusqu'à ce que la pâte soit cuite. Pendant ce temps, battez les blancs restants en une mousse ferme et incorporez quatre cuillerées de sucre blanc. Sortez les tartes du four et répartissez-les à parts égales sur chacune et remettez-les rapidement au four et faites cuire un brun délicat. Faites attention à ce que le four ne soit pas trop chaud, sinon ils doreront trop vite et feront tomber la tarte une fois retirée.

PÂTISSERIE.

Quatre cuillères à soupe de beurre, dix cuillères à café de farine, deux cuillères à café de levure chimique, une cuillère à soupe de sel, suffisamment d'eau pour obtenir une pâte très molle.

SIMPLICITÉ DE TARTE AUX CERISES.

MME. WW HENRY.

Une tasse de canneberges coupées en morceaux, une demi-tasse de raisins secs hachés, une demi-tasse d'eau froide, une cuillère à café de vanille, une cuillère à soupe de fécule de maïs, deux tiers de tasse de sucre, un peu de sel. Cela fait une tarte.

VIANDE HACHÉE.

MME. HENRY THOMSON.

Une livre de suif, une livre de langue fraîche, une livre de pommes, une livre de sucre, une livre de raisins secs, une livre de groseilles, deux noix de muscade, une grande cuillère à café de cannelle, idem de clous de girofle et de sel, une demi-livre de zeste confit.

TARTE AUX PLANTES.

MME. STOCKAGE RM.

Une tasse de sucre bien battu avec les jaunes de deux œufs ; ajoutez une pinte de plante à tarte, faites cuire au four avec une croûte, puis étalez les blancs battus avec une cuillère à soupe de sucre dessus ; remettre au four quelques instants.

TARTE AUX RAISIN.

Une tasse de raisins secs hachés, une demi-tasse de pommes hachées, quatre cuillères à soupe de vinaigre, une cuillère à soupe de fécule de maïs, une tasse d'eau bouillante, une tasse de sucre, une pincée de sel, mélanger, cuire au four avec deux croûtes.

TARTE À LA CRÈME SURE.

Une tasse de crème sure épaisse, une pincée de sel, un œuf, une demi-tasse de sucre, une petite cuillère à thé de farine, une demi-tasse de raisins secs ; battre ensemble la crème, le sucre et la farine, déposer les raisins secs dessus; cuire au four avec deux croûtes.

TARTE À LA CITROUILLE.

Mlle Beemer.

Une tasse à café de purée de potiron, réduite à la consistance désirée avec du lait riche et du beurre ou de la crème fondue, une cuillère à soupe de farine, une petite pincée de sel, une cuillère à café de gingembre, idem de cannelle, une demi-noix de muscade, une demi-cuillère à café de citron. extrait, deux tiers de tasse de sucre et deux œufs.

PÂTE.

Un tiers de tasse de saindoux, un peu de sel ; mélanger légèrement avec une tasse et demie de farine; humidifiez avec de l'eau très froide, juste assez pour tenir ensemble, mettez en forme votre boîte dès que possible. Badigeonner la pâte de blanc d'oeuf. Cuire au four chaud jusqu'à ce qu'il soit bien doré.

PUddings.

"La preuve du pudding réside dans le fait de le manger."

PUDDING AUX AMANDES

MME. STOCKAGE.

Une pinte de lait, deux œufs, deux grosses cuillères à soupe de sucre d'érable, une grosse cuillère à soupe de fécule de maïs, aromatisé à l'amande ; cuire le lait, le sucre et la fécule de maïs au bain-marie, en ajoutant les jaunes d'œufs à l'ébullition ; verser dans un plat à pudding, recouvrir de blancs d'œufs et faire dorer au four, pour être servi froid.

PUDDING À LA PÂTE AUX POMMES.

MME. ERNEST F. WURTELE.

Faites cuire les pommes dans un plat à tarte, une fois tendres, déposez dessus la pâte suivante : un œuf, une cuillère à soupe de sucre et de beurre, deux cuillères à soupe de lait et de farine, une cuillère à café de levure chimique, faites cuire quarante-cinq minutes à four lent. , servir avec de la crème.

PUDDING À LA BANANE.

Mlle JP M'GIE.

Deux cuillères à soupe de fécule de maïs mouillées avec de l'eau froide, une tasse de sucre blanc et un tiers de tasse de beurre. Mélangez dans un plat, versez de l'eau bouillante pour obtenir une crème anglaise épaisse ; incorporer les jaunes de trois œufs bien battus , porter à ébullition. Tranchez finement quelques bananes mûres, versez dessus la crème anglaise. Mettez dessus de la chantilly ou à défaut crémez les blancs des trois œufs bien battus avec le sucre. A consommer froid.

POUDING AU PAIN.

MME. ARCHIBALD LAURIE.

Pain de mie pour remplir un bol à pudding ; une couche de pain, une couche de fruits avec du sucre au goût et des petits morceaux de beurre. Continuez jusqu'à ce que le bol soit plein, posez une assiette dessus et faites cuire à la vapeur pendant au moins deux heures, plus ne fera pas de mal. Démoulez quelques minutes avant de vouloir laisser le jus pénétrer dans le pain qui se trouvait sur le dessus.

PUDDING CHALET.

MME. WW HENRY.

Après avoir frotté ensemble une tasse de sucre et une cuillère à soupe de beurre, ajoutez deux œufs, et après avoir battu le mélange jusqu'à ce qu'il soit léger, ajoutez une tasse de lait ; mélangez bien dans une passoire un litre de farine tamisée et trois cuillères à café de levure chimique, passez au tamis dans le mélange déjà réalisé, battez rapidement et versez la pâte dans un grand plat à pudding ou deux petits. Saupoudrer de sucre, enfourner à four modéré pendant quarante minutes ou trente s'il y en a deux. Servir chaud avec une sauce au citron ou n'importe quelle sauce sucrée.

SAUCE AU CITRON. — Battez très légèrement deux œufs et ajoutez une tasse de sucre, une cuillère à soupe de beurre fondu, une petite cuillère à soupe de fécule de maïs, battez le tout, puis ajoutez une tasse d'eau bouillante, faites cuire cinq minutes en bouillant pendant tout ce temps. Cuire un peu plus longtemps si vous le mettez dans une bassine d'eau chaude, retirez du feu et ajoutez le jus de citron.

PUDDING AU CHOCOLAT.

Un litre de lait échaudé, deux œufs bien battus, ajoutez progressivement une tasse de sucre. Avec les œufs et le sucre, mélangez deux tiers de tasse de fécule de maïs et trois grosses cuillères à soupe de chocolat râpé dissous dans de l'eau chaude, incorporez-les au lait jusqu'à obtenir une crème anglaise molle, ajoutez une cuillère à café de vanille, servez avec de la crème fouettée.

PUDDING AU CHOCOLAT.

MME. WJ FRASER.

Un litre de lait, une pinte de chapelure, une tasse de thé de sucre, trois œufs, trois cuillères à soupe de chocolat, une demi-cuillère à café d'essence de vanille. Laisser bouillir le lait, ébouillanter la chapelure , lorsqu'elle est presque refroidie, battre les jaunes de trois œufs, ajouter le sucre et le chocolat au pain et au lait. Cuire au four une demi-heure, à four lent. Une fois refroidi, battez les blancs de trois œufs et mettez les meringues.

POUDING AU CARAMEL.

MME. RATELIER.

Prenez une tasse à café pleine de cassonade, mettez-la dans une poêle sur feu doux et faites-la brûler, puis versez-la dans un litre et demi de lait dans une casserole et placez ce dernier sur le feu pour porter à ébullition, mais ne le remuez pas au cas où le lait craquerait. Mélangez trois cuillères à soupe de fécule de maïs avec un peu de lait froid, et lorsque le lait et le sucre bout, incorporez la fécule. Mettez-la dans un moule à refroidir et dégustez avec de la chantilly.

POUDING AU CARAMEL.

MME. WW WELCH.

Une pinte de lait, une livre de cassonade, une tasse à café de noix hachées, deux grosses cuillères à soupe de fécule de maïs, une pincée de sel. Mettre le lait au bain-marie, à l'ébullition mettre la fécule de maïs dissoute dans un peu de lait froid ; laisser cuire quelques minutes, mettre le sucre préalablement un peu brûlé, puis ajouter les noix, remuer quelques minutes, parfumer à la vanille, mettre dans un moule , et déguster avec de la chantilly.

ÉPONGE À LA NOIX DE COCO.

Mlle LAMPSON.

Deux tasses de chapelure de génoise rassis, deux tasses de lait, une tasse de noix de coco râpée , les jaunes de deux œufs et les blancs de quatre, une tasse de sucre blanc, une cuillère à soupe d'eau de rose, un peu de muscade. Ébouillantez le lait et incorporez-y les miettes de gâteau. Lorsqu'il est presque froid, ajoutez les œufs, le sucre, l'eau de rose et enfin la noix de coco. Cuire trois quarts d'heure dans un plat à pudding beurré. A déguster froid, avec du sucre blanc tamisé dessus.

GÂTEAU NÉERLANDAIS AUX POMMES, SAUCE CITRON.

MME. STOCKAGE.

Une pinte de farine, une demi-cuillère à café de sel, une cuillère à café et demie de levure chimique, le beurre de la taille d'un œuf ; tamiser ensemble la farine, le sel et la levure chimique, puis bien incorporer le beurre ; battre un œuf léger avec les deux tiers d'une tasse de lait et incorporer au mélange sec; étaler sur un demi-pouce d'épaisseur sur un plat allant au four; éplucher, épépiner et couper en huit morceaux, quatre pommes et les coller dans la pâte, en rangées, et saupoudrer dessus deux cuillères à soupe de sucre et enfourner rapidement ; servir avec la sauce comme suit : Deux tasses d'eau froide, idem de sucre ; à ébullition, ajoutez trois cuillères à café de fécule de maïs dissoute dans un peu d'eau froide ; retirer du feu dès qu'il épaissit et ajouter une cuillère à soupe de beurre ainsi que le zeste et le jus d'un citron, ou une cuillère à café d'extrait de citron ; Servir chaud.

CRÈME FRIT.

MME. FARQUHARSON SMITH.

Tout le monde devrait essayer ce reçu ; Beaucoup en surprendront de savoir à quel point la crème douce peut être enveloppée dans la croûte alors qu'elle constitue un plat extrêmement bon pour un dîner, un déjeuner ou un thé. Lorsque le pudding est dur, il peut être roulé dans l'œuf et la chapelure . Au moment où l'œuf touche le saindoux chaud, il durcit et fixe le pudding qui se ramollit en une substance crémeuse très délicieuse. Ingrédients, une pinte de lait, cinq onces de sucre (un peu plus d'une demi-tasse), du beurre de la taille d'une noix de caryer, des jaunes de trois œufs, deux cuillères à soupe de fécule de maïs et une cuillère à soupe de farine (une généreuse demi-tasse au total), un bâton de cannelle d'un pouce de long, une demi-cuillère à café de vanille. Mettez la cannelle dans le lait et quand il est sur le point de bouillir, ajoutez le sucre, la fécule de maïs et la farine, ces deux dernières frottées avec deux ou trois cuillères à soupe de lait très froid : remuez sur le feu pendant deux bonnes minutes, pour bien cuire la fécule et la farine ; retirez-le du feu, incorporez les jaunes d'œufs battus et remettez-le quelques minutes pour les faire prendre ; maintenant, en le retirant du feu, retirez la cannelle, incorporez le beurre et la vanille et versez-le sur un plat beurré jusqu'à un tiers de pouce de hauteur. Lorsqu'il est froid et ferme, coupez le pudding en parallélogrammes d'environ trois pouces de long et deux pouces de large : roulez-les soigneusement, d'abord dans de la chapelure de crackers tamisée puis dans des œufs (légèrement battus et sucrés) puis de nouveau dans de la chapelure de crackers. Trempez-les dans du saindoux bouillant (un panier métallique doit être utilisé si cela est pratique) et lorsqu'ils sont de belle couleur, sortez-les et placez-les au four pendant quatre ou cinq minutes pour mieux ramollir le pudding. Saupoudrer de sucre pulvérisé et servir immédiatement.

PUDDING DE PLUME.

MME. WR DOYEN.

Une cuillère à soupe de beurre, une tasse de sucre blanc, deux œufs, un peu de sel, une tasse de lait sucré, deux cuillères à soupe de levure chimique, trois tasses de farine, une cuillère à café et demie d'arôme. Cuire à la vapeur une heure. Manger avec de la sauce.

PUDDING AUX FIGUES.

MME. THOM.

Une tasse de suif, une demi-livre de figues coupées finement, deux tasses de chapelure, une tasse de farine, une demi-tasse de cassonade, un œuf, une tasse de lait, deux cuillères à café de levure chimique, cuire à la vapeur pendant trois heures.

PUDDING À LA GÉLATINE (Rose.)
MME. WR DOYEN.

Mettez une once de gélatine rose et un litre de lait dans un bol sur la cuisinière où il ne deviendra pas chaud ; une fois dissous, ajoutez les jaunes de quatre œufs battus avec quatre cuillères à soupe de sucre, remuez bien, laissez bouillir, puis ajoutez les blancs bien battus, avec quatre cuillères à soupe de sucre et une cuillère à dessert de vanille. Versez dans un moule et laissez refroidir, puis démoulez et décorez de chantilly. C'est un très joli plat.

LE PUDDING GRAHAM.
MME. WW HENRY.

Une tasse et demie de farine Graham, une tasse de lait, une demi-tasse de mélasse, une tasse de raisins secs hachés, une demi-cuillère à café de sel, une cuillère à café de soda. Tamisez le graham afin de le rendre léger, mais remettez le son dans le mélange tamisé, dissolvez le soda dans une cuillère à soupe de lait et ajoutez le reste de lait avec la mélasse et le sel, versez ce mélange sur le graham et battez bien, ajoutez les raisins secs et versez le pudding dans un moule . Cuire à la vapeur quatre heures, démouler et servir avec la sauce.

PUDDING AU MIEL.
Mlle BICKELL.

Une tasse de farine mélangée avec une tasse de sucre, une demi-tasse de beurre et une de lait fondu, ensemble, cinq œufs bien battus ; Enfin, ajoutez deux cuillères à café de soda et une de sel. Cuire à la vapeur une heure et demie.

PUDDING MEDLEY.
MME. THÉOPHILUS H. OLIVER.

Trois œufs, le poids de trois œufs dans le beurre, dans le sucre et dans la farine, battre le beurre en crème. Ajoutez les œufs bien battus au sucre et à la farine. Mettez dans des petites tasses à thé. Cuire au four vingt minutes.

PUDDING DU MANITOBA.
MME. ÉTRANGE.

Quatre tasses de farine, deux tasses de suif, deux tasses de raisins secs, une tasse de groseilles, deux tasses de sucre (brun), un peu de levure chimique, un peu d'essence de citron, un peu de piment de la Jamaïque, une pomme hachée, un peu de sel, mouillé avec un petite quantité d'eau, faire bouillir quatre heures.

SAUCE MOUSSANTE.

Une demi- tasse de beurre, idem de sucre, battre en mousse, mettre dans un plat et mettre dans une casserole d'eau chaude, ajouter une cuillère à soupe d'eau chaude, si vous aimez un peu de vanille. Remuer dans un sens jusqu'à obtenir une mousse très légère.

PUDDING À LA MARMELADE.

MME. WR DOYEN.

Deux cuillères à soupe de marmelade, deux tasses de chapelure, du beurre de la taille de deux noix, une demi-pinte de lait, deux œufs, deux onces de sucre. Faire fondre le beurre et mélanger avec la chapelure , la marmelade et le sucre, ajouter les œufs bien battus et le lait, verser dans un moule bien beurré. mouler , attacher un linge dessus et faire bouillir pendant une heure et demie. Servir avec la sauce.

PUDDING AUX PRUNEAUX DE NOËL.

MME. W. THOM.

Une livre de raisins secs, de groseilles et de suif, trois quarts de livre de chapelure, un quart de livre de farine, une demi-livre de zeste confit, une demi-pinte de brandy, une demi-muscade, un quart de livre de cassonade et six œufs. Faire bouillir six heures et cuire à la vapeur deux ou trois fois de plus si nécessaire. Sauce caramel. Une tasse de cassonade, une once de beurre et une cuillère à dessert de fécule de maïs, mélangés jusqu'à ce qu'ils soient bruns, ajoutez de l'eau bouillante et un verre de vin de cognac.

VIEUX PUDDING AUX PRUNES ANGLAISES.

MME. JEAN JACK.

Une livre de chacun de raisins secs dénoyautés, de groseilles, de suif de rognons de bœuf, de sucre cristallisé, de chapelure et de farine, une demi-livre de citron confit et d'écorces de citron mélangées ; une cuillère à soupe de sel, une cuillère à café de muscade finement moulue, de cannelle et de clou de girofle, huit œufs frais, une demi-once d'amandes amères hachées finement, la partie rouge de trois grosses carottes râpées, une tasse de café fort, filtrée au petit-déjeuner, une tasse de mélasse , et suffisamment de cidre de pomme pur pour donner à l'ensemble la consistance appropriée. Mélangez soigneusement et laissez reposer dans un endroit chaud toute la nuit, mettez dans un moule ou un sac à pudding, attachez bien et faites bouillir doucement pendant douze heures. Au moment de servir, préparez une sauce composée de farine, d'eau, de beurre et de sucre aromatisée au cognac. Disposez le pudding sur un plat chaud, collez une branche de houx aux baies au centre , versez un verre de vin d'eau-de-vie autour et mettez le feu.

PUDDING AUX PRUNES ANGLAIS.

MME. BLAIR.

Deux livres et demie de raisins secs, trois quarts de groseilles, deux livres de sucre humide le plus fin, deux livres de chapelure, seize œufs, deux livres de suif finement haché, six onces d'écorces confites mélangées, le jus et le zeste de deux citrons, une once de muscade moulue. , une once de cannelle, une demi-once d'amandes amères pilées, du brandy ou, en cas d'objection, tout arôme à portée de main. Dénoyautez et coupez les raisins secs , mais ne les *hachez pas ;* laver et sécher les groseilles; coupez les zestes confits en fines tranches ; bien mélanger tous les ingrédients secs et humidifier avec les œufs qui doivent être bien battus; puis incorporez l'arôme, et quand tout est bien mélangé, ajoutez environ une demi-livre de farine et mettez le pudding dans un nouveau tissu solide ; ou faites bouillir dans deux moules pendant douze heures et servez avec une sauce riche.

PUDDING AUX PRUNEAUX SANS OEUFS.

MME. DAVID BELL.

Deux tasses de farine, deux tasses de raisins secs, deux de groseilles, deux tasses de suif, une cuillère à soupe de sucre, suffisamment d'eau pour faire une pâte ferme, colorer avec du sucre brûlé, des épices au goût, du sel et du zeste de citron. *Juste avant de* mettre à ébullition, ajoutez quelques cuillères à soupe de sagou cru ; faire bouillir dans un torchon, pas dans une forme.

PLUM PUDDING.

MADAME JT

Quatre œufs, jaunes et blancs battus ensemble, une demi-tasse de cassonade, une tasse de mélasse, une tasse de raisins secs dénoyautés, deux tasses de groseilles, une tasse de chapelure, deux tasses de suif haché, trois quarts de muscade râpée, le zeste de un gros citron, une tasse de farine et une cuillère à café de levure chimique. Cuire à la vapeur pendant trois heures et demie dans un moule à pudding bien fermé bien beurré , en gardant l'eau bouillante *constamment* . Avant de servir, saupoudrez abondamment de sucre et versez dessus une demi-tasse de cognac et allumez. Servir avec une sauce faite avec le jus et le zeste (râpé) d'un citron, mettre à ébullition avec une demi-tasse de sucre, une demi-tasse d'eau, ajouter une cuillère à soupe de fécule de maïs, une demi-tasse de xérès, une demi-tasse de cognac. Cette quantité servira seize personnes.

PUDDING DU PALAIS.

MME. SMYTHE.

Deux œufs, une tasse de farine, une demi-tasse de sucre, un quart de tasse de beurre, une cuillère à café de levure chimique, une demi-cuillère à café de muscade, la crème au beurre, ajouter le sucre, les œufs, la farine tamisée avec la levure chimique, ainsi que la muscade. Beurrer le moule et enfourner une demi-heure.

Sauce.—Une cuillère à dessert de beurre, une cuillère à dessert de farine, bien frotter ensemble, ajouter lentement environ une tasse d'eau bouillante, trois cuillères à dessert de cassonade, une cuillère à café de mélasse. Faire bouillir lentement jusqu'à ce qu'il épaississe et aromatise comme vous le souhaitez.

PUDDING DE QUAI.

Une tasse de farine, une demi-tasse de sucre, un quart de tasse de beurre, une cuillère à café de soda, une cuillère à soupe de confiture, deux œufs. Crémer le beurre avec le sucre, y ajouter les œufs et la confiture, la farine tamisée avec le soda. Mettre dans un moule beurré , cuire à la vapeur pendant deux heures et servir avec une sauce au citron.

PUDDING FERROVIAIRE.

MME. GEORGE ELLIOTT.

Quatre œufs, battre les blancs et les jaunes séparément, une tasse de sucre aux blancs, battre à nouveau, puis ajouter les jaunes, mélanger une cuillère à café de levure chimique dans une tasse de farine et mélanger la farine et les œufs et battre à nouveau. Mettez une feuille de papier beurrée dans un moule carré et enfournez. Une fois terminé, retournez-le sur une serviette chauffante, la face beurrée vers le haut, retirez le papier et tartinez-le d'une épaisse confiture ou marmelade, roulez rapidement et versez dessus la chantilly sucrée, parfumez à la vanille.

RIZ AU LAIT.

MME. WW HENRY.

Une tasse de riz bouilli doucement dans l'eau, ajoutez une pinte de lait froid et un morceau de beurre de la taille d'un œuf, du sel au goût, des jaunes de

quatre œufs, du zeste de citron râpé. Mélangez et enfournez une demi-heure.
Battez les blancs de quatre œufs, ajoutez un litre de sucre et le jus d'un citron
de bonne taille . Une fois le pudding cuit et refroidi, versez -le dessus et faites-
le dorer au four. Mangez froid ; cela se conservera plusieurs jours.

PUDDING AU SUIF. (Plaine.)

Mme STUART OLIVER.

Trois quarts de livre de farine, un quart de livre de suif haché finement ;
mélanger avec un œuf et du lait.

PUdding VICTORIA.

MME. ARCHIBALD LAURIE.

Le poids de deux œufs dans le beurre, le sucre et la farine. Battre le beurre et
le sucre en crème, ajouter les œufs bien battus, deux cuillères à soupe de
marmelade, puis la farine tamisée, une demi cuillère à café de soda dissoute
dans l'eau bouillante. Cuire à la vapeur pendant trois heures, pas moins.

SAUCE AUX FRAISE POUR MANGE BLANC NATURE.

Les blancs de deux œufs, une tasse de sucre pulvérisé, une tasse de fraises.
Mélanger le tout et fouetter jusqu'à consistance ferme.

SAUCE AUX FRAISE POUR PUDDINGS.

MME. WW HENRY.

Une tasse de sucre cristallisé fin, une demi-tasse de beurre bouilli ensemble
jusqu'à ce qu'il soit crémeux (une cuillère en bois est préférable pour cela),
battez le blanc d'un œuf jusqu'à ce qu'il soit ferme, puis ajoutez une tasse de
purée de fraises et battez à nouveau ; ajouter au mélange, bien mélanger.

SAUCE DURE.

MME. GAUDET.

1. Une tasse de cassonade, une cuillère à soupe de beurre, trois gouttes de
vanille, un demi-verre de xérès, légèrement fouettés.

2. Un verre de xérès, une cuillère à soupe de mélasse et une cuillère à soupe
de sucre.

DESSERTS.

FLOTTEUR ORANGE.
MME. ERNEST F. WURTELE.

Un litre d'eau, le jus et la pulpe de deux citrons, une tasse à café de sucre. À ébullition, ajoutez quatre cuillères à soupe de fécule de maïs; laissez bouillir quinze minutes en remuant tout le temps, une fois froid, versez sur quatre ou cinq oranges pelées et tranchées. Sur cette pâte, étalez les blancs battus de trois œufs. Sucrer et ajouter quelques gouttes de vanille.

CRÈME DE VELOURS.

Une grande tasse à thé de vin blanc, le jus d'un bon citron, une demi-once d'ichtyocolle, du sucre au goût, laissez bouillir ensemble jusqu'à ce que presque toute l'ichtyocolle soit dissoute, puis filtrez et ajoutez une pinte de crème. Laissez-le reposer jusqu'à ce qu'il soit presque froid, puis mettez-le dans le moule . Il faut le préparer quelques heures avant de le démouler.

GELÉE DE PRUNEAUX.

Mettez environ trois douzaines de pruneaux dans un litre d'eau bouillante et laissez-les bouillir pendant une heure, sortez les pruneaux et dénoyautez-les en utilisant la moitié des grains comme arôme. Remettez les pruneaux dans l'eau avec les grains blanchis, ajoutez une tasse de sucre et laissez bouillir encore une demi-heure. Dissoudre une demi-boîte de gélatine Cox's dans l'eau, ajouter à ce qui précède et faire bouillir dix minutes de plus. Mettre dans un moule et servir froid avec de la chantilly.

PUDDING SURGELÉ.

Préparez une crème anglaise avec trois œufs et environ un litre de lait, aromatisez-la avec de la vanille et une petite tasse de sucre blanc. Mettez quatre cuillères à soupe de cassonade dans une poêle et faites-la bien dorer. Retirer du feu et remuer jusqu'à ébullition, puis incorporer à la crème anglaise. Mettez le tout dans une louche ou une assiette creuse; prenez un grand plat rempli de neige et de gros sel, mettez-y la louche et remuez la crème jusqu'à ce qu'elle soit bien épaisse. Mettre dans un moule et laisser au frais. Servir avec de la crème fouettée.

GELÉE DE VIN DE FLÈCHES.

Mouillez deux grosses cuillères à café d'arrow-root avec un peu d'eau froide, mélangez-la dans une tasse d'eau bouillante dans laquelle a été dissoute 2 cuillères à café de sucre blanc. Remuer pendant qu'il bout dix minutes. Ajoutez une cuillère à soupe de cognac ou trois de xérès. Mettre dans un moule et servir froid avec de la crème anglaise en guise de sauce. C'est très gentil pour les invalides, en omettant la sauce.

RIZ BLANC MANGE.

Une demi-livre de riz moulu, un litre de lait, trois onces de sucre, le zeste d'un demi-citron, une demi- cuillère à café de vanille. Faites bouillir le riz dans le lait pendant vingt minutes avec le sucre et le zeste de citron, puis retirez le zeste et ajoutez la vanille. Mettez-le dans un moule humide .

GELÉE DE CITRON.

Mlle Clint.

Dissoudre un paquet ou douze feuilles de gélatine dans un peu d'eau tiède. Ajoutez ensuite trois pintes et demi d'eau bouillante, une livre de sucre et le jus de quatre citrons. Refroidir dans un moule .

GELÉE DE CAFÉ.

MME. GAUDET.

Deux cuillères à soupe de café, un paquet de gélatine , un verre de sherry réduit à une pinte.

POMMES GLACÉES À LA CRÈME.

MME. WW WELCH.

Parer et épépiner six pommes; faites-les cuire dans un sirop composé d'une tasse de sucre et de deux d'eau ; déposez les pommes dans le sirop bouillant; quand ils sont tendres, disposez-les sur une assiette, une fois refroidis, recouvrez d'une fine couche de meringue et faites dorer. Laissez bouillir le sirop jusqu'à ce qu'il soit réduit à une demi -tasse. Une fois froid, il formera une gelée, coupée en carrés et placée sur et autour des pommes. Servir froid avec du sucre et de la crème.

GELÉE DE FRUITS.

Mlle Fry.

À une grande boîte de gélatine, ajoutez une demi-pinte d'eau froide. Une fois dissous, ajoutez le jus de trois citrons, deux tasses de sucre et une pinte d'eau bouillante. Disposer en couches dans un moule . Quatre bananes et deux oranges ou plus (tranchées), six noix de castane hachées finement, six figues, un quart de livre de dattes coupées en petits morceaux. Filtrer la gelée dessus et laisser refroidir. Servir avec de la crème fouettée. Une doublure de doigts de femme est une amélioration.

COMPOTE DE POMMES.

Mlle Septimus Barrow.

Prenez cinq pommes, essuyez-les mais ne les épluchez pas, retirez le trognon de quatre d'entre elles et mettez-les dans une assiette creuse. Tranchez la cinquième pomme et mettez les tranches ainsi qu'un petit citron tranché avec les quatre pommes. Un quart de livre de cassonade à saupoudrer sur les pommes. Une demi-pinte d'eau. Cuire au four jusqu'à ce qu'ils soient parfaitement tendres, mais ne les laissez pas perdre leur forme. Mettez-les dans un plat, pressez et égouttez les morceaux coupés sur les pommes cuites. A consommer froid.

POMMES À LA VESUVE.

Mlle LAMPSON.

Empilez un peu de marmelade de pommes dans un plat; préparez des macaronis bouillis dans de l'eau bien égouttée, puis sucrés avec du sucre blanc et parfumés à l'eau-de-vie ; coupez-le en petits tronçons, posez-le en bordure autour des montagnes de marmelade ; saupoudrez le tout de sucre en poudre, et formez au sommet un cratère avec une demi-douzaine de grains de sucre ; versez une branchie d'eau-de-vie dessus, et juste avant de servir, allumez-y le feu et posez-le flamboyant sur la table.

ÉPONGE AU CITRON.

Mlle Beemer.

Une demi-boîte de gélatine , le jus de trois citrons, une pinte d'eau froide, une demi-pinte d'eau chaude, deux tasses de sucre, les blancs de trois œufs. Faire tremper une demi-boîte de gélatine dans une pinte d'eau froide dix minutes ; puis dissolvez sur le feu en ajoutant le jus des citrons avec l'eau chaude et le sucre. Faire bouillir le tout deux ou trois minutes ; verser dans un plat et laisser reposer jusqu'à ce qu'il soit presque froid et commence à prendre ; ajoutez ensuite les blancs d'œufs bien battus et fouettez une dizaine de minutes. Lorsqu'elle prend la consistance d'un biscuit, mouillez l'intérieur des coupelles avec le blanc d'oeuf, versez le biscuit et réservez au frais. Servir avec une crème anglaise fine, composée des jaunes de quatre œufs, d'une cuillère à soupe de fécule de maïs, d'une demi-tasse de sucre, d'un litre de lait et d'une cuillère à café de vanille. Faire bouillir jusqu'à ce qu'il soit suffisamment épais et servir froid sur la génoise. L'éponge doit être laissée au repos pendant vingt-quatre heures.

SOUFFLÉ À L'ORANGE.

Parez et tranchez six oranges, faites bouillir une tasse de sucre, une pinte de lait, les jaunes de trois œufs, une cuillère à soupe de fécule de maïs. Dès que c'est épais, versez sur les oranges ; battre les blancs d'œufs en une mousse ferme ; sucrer : déposer dessus et dorer au four. Servir froid. Les bananes peuvent être utilisées à la place des oranges et sont bien plus saines au contact de la chaleur.

GÉLATINE, AUX FRUITS.

Prenez une boîte d'une once de gélatine ; mettre à tremper dans une pinte d'eau froide pendant une heure. Prenez le jus de trois citrons et d'une orange, avec trois tasses de sucre ; ajoutez-le à la gélatine et versez dessus les trois litres d'eau bouillante : laissez bouillir une fois en remuant tout le temps. Prenez deux moules de même taille, et versez dans chacun la moitié de votre gelée. Incorporer dans un moule une demi-tasse de cerises confites et dans l'autre une livre d'amandes blanchies. Les amandes remonteront à la surface. Laissez ces moules reposer sur de la glace ou dans un endroit frais jusqu'à ce qu'ils soient complètement pris, vingt-quatre heures étant préférable. Au moment de servir, détachez les côtés et déposez la gelée d'amandes l'une sur l'autre, sur un plateau de fruits. Couper en tranches et servir avec de la crème fouettée.

GLACE FACILE.

Une pinte de crème, une demi-pinte de lait, une tasse de sucre, deux œufs battus séparément, les blancs étant ajoutés en dernier, une cuillère à café d'extrait de vanille. Remuez bien mais ne faites pas cuire, c'est tout aussi bon sans. Ce sera suffisant pour six personnes. Dissoudre une demi-livre de macarons dans le mélange ci-dessus avant de le congeler et vous pourrez ainsi obtenir une délicieuse glace .

BAGATELLE.

Mlle Ruth Scott.

Une pinte de crème bien battue, sucre et arômes au goût. Un quart de livre de macarons trempés quelques minutes dans du sherry. Mettez dans une assiette creuse en alternant les couches de macarons et de crème. Les cerises et les amandes en conserve (entières) sont une grande amélioration.

CRÈME CARAMEL.

MME. BENSON BENNETT.

Faites bouillir deux tasses à café de cassonade foncée, du beurre de la taille d'un œuf et deux tiers d'une tasse de crème sucrée fine. Douze minutes après le début de l'ébullition, dissolvez une demi-tasse de gélatine dans un peu d'eau froide, ajoutez-la au mélange bouillant et près d'une pinte de crème sucrée, sauf les deux tiers de la tasse utilisée au début. Filtrer et parfumer avec une cuillère à soupe de vanille ; verser dans un moule à pudding et laisser reposer toute une nuit sur la glace. Servir avec de la crème fouettée.

GELÉE DE CLARET.

MME. GILMOUR.

Une once de gélatine , une tasse de sucre, le zeste et le jus de deux citrons, deux ou trois morceaux de cannelle, une pinte et demie d'eau, une demi-pinte de bordeaux, un verre de cognac. Si l'on utilise de la gélatine Cox's ou Lady Charlotte, il faudra d'abord la tremper dans un peu d'eau froide, si c'est de la gélatine en feuilles , on peut verser de l'eau bouillante dessus. Mettez le tout dans une casserole avec les blancs de trois œufs, mettez sur le feu jusqu'à ébullition puis passez dans un sac en flanelle.

COUPE DE CRÈME.

M. JOSEPH FLEIGE.

(Baker à l'hôtel Grenoble, NY)

Cinq œufs, six onces de sucre, un litre de lait, extrait pour aromatiser, tartinez des tasses ou des moules de beurre non salé, remplissez de crème anglaise et placez dans une casserole remplie d' un pouce d'eau dans un bon four.

CRÈME ESPAGNOLE.

MME. WR DOYEN.

Jaunes de deux œufs, deux cuillères à soupe de sucre, deux cuillères à soupe de riz moulu, un litre de lait. Battez un peu les œufs. Mettez le tout sur le feu et remuez constamment jusqu'à ce que cela épaississe. Verser dans un plat en verre et garnir d'amandes mondées et de lanières de citron.

CRÈME ESPAGNOLE.

Mlle Green.

Faites tremper un demi-paquet de gélatine dans une pinte de lait pendant une demi-heure ; pendant que cela trempe, prenez deux œufs (séparez-les) en battant les jaunes avec une demi-tasse de sucre blanc jusqu'à ce qu'ils soient légers, et fouettez les blancs jusqu'à obtenir une mousse ferme : lorsque la gélatine est trempée, mettez la casserole sur le feu et laissez la gélatine et le lait portent à ébullition : puis ajoutez les jaunes et hors du feu, ajoutez les blancs et une cuillère à café de vanille. Mettre dans un moule humide et laisser refroidir.

CHARLOTTE RUSSE.

Mlle EDITH HENRY.

Pour faire la gelée pour fond de moule, un demi-paquet de gélatine trempée dans un peu plus d'un verre d'eau, du sucre au goût, une demi-tasse de vin dc cuisson et suffisamment de cochenille pour colorer. Laissez reposer jusqu'à ce qu'il soit ferme. Une pinte de crème sucrée, une demi- boîte de gélatine dissoute, du vin au goût, une cuillère à café de vanille, un peu plus d'une demi-tasse de sucre : fouettez la crème ferme, puis ajoutez le sucre, le vin, la vanille et enfin la gélatine . Bien battre le tout et verser dans votre moule garni de doigts de dame et de gelée.

CRÈME DE VIN.

MME. W. CRAWFORD.

Deux tasses de crème, une demi-tasse de sucre, une boîte de gélatine dissoute dans une demi-tasse de xérès au cuiseur vapeur, une fois dissoutes, filtrer dans la crème et mettre dans un moule et dans un endroit frais.

GLACE À L'EAU D'ANANAS.

MME. HARRY-LAURIE.

Deux gros ananas juteux, une livre et demie de sucre, un litre d'eau, le jus de deux citrons. Epluchez les ananas, râpez-les et ajoutez le jus des citrons. Faites bouillir le sucre et l'eau ensemble pendant cinq minutes. Une fois froid, ajoutez l'ananas et passez-le au tamis. Mettre au congélateur et congeler.

GLACE À L'EAU CITRON.

Quatre gros citrons juteux, un litre d'eau, une orange, une livre et quart de sucre. Mettez le sucre et l'eau à ébullition. Écrasez le zeste jaune de trois citrons et de l'orange, ajoutez-les au sirop, faites bouillir cinq minutes et laissez refroidir. Carré le jus de l'orange et du citron, ajoutez-le au sirop froid, passez-le dans un torchon et congelez.

GELÉE ROULÉE.

MME. WW WELCH.

Deux œufs, jaunes et blancs battus séparément. Prenez les jaunes et battez-les en crème avec une tasse de sucre, trois cuillères à soupe de lait, puis ajoutez une tasse de farine, une grosse cuillère à café de levure chimique et les blancs bien battus en dernier, extrayez également à votre guise. Une fois cuit, déposer sur un torchon humide et couper les bords extérieurs, couvrir de confiture, rouler dans le torchon et laisser reposer une dizaine de minutes, déguster avec de la chantilly.

VOYAGE.

MME. STUART OLIVER.

Réchauffez légèrement un litre de lait, ajoutez le comprimé de junket dissous et deux ou trois cuillères à soupe de sucre. Conserver dans un endroit chaud près du feu jusqu'à ce qu'il soit solide. Ensuite, retirez-le dans un endroit frais jusqu'à ce qu'il soit servi. Servir avec de la crème et du sucre d'érable ou des conserves.

GÂTEAUX.

"Avec des poids et mesures justes et vrais ,
Un four à chaleur égale, Des boîtes
bien beurrées et des nerfs tranquilles,
Le succès sera complet."

"Pour faire un gâteau, les ingrédients doivent être de première qualité : la farine très fine et toujours tamisée ; le beurre frais et sucré et pas trop salé. Le café A, ou le sucre cristallisé, est le meilleur pour les gâteaux. Il faut faire très attention. on prend soin de casser et de séparer les œufs, et on prend également soin de leur fraîcheur. Cassez chaque œuf séparément dans une tasse à thé , puis dans les récipients dans lesquels ils doivent être battus. N'utilisez jamais un œuf lorsque le blanc est le moins décoloré. en battant les blancs, retirez chaque particule de jaune. S'il en reste, cela évitera qu'ils ne deviennent aussi raides et secs que nécessaire. Des bols en terre profonds sont préférables pour mélanger le gâteau, et une cuillère ou une palette en bois est préférable pour battre la pâte avant. Lorsque vous commencez à préparer votre gâteau, assurez-vous que tous les ingrédients nécessaires sont à portée de main. Ce faisant, le travail peut être effectué en beaucoup moins de temps.

"La légèreté d'un gâteau dépend non seulement de la préparation, mais aussi de la cuisson. Il est très important de faire preuve de jugement quant à la chaleur du four, qui doit être réglée en fonction du gâteau que vous préparez et de la cuisinière que vous utilisez. Solide Le gâteau nécessite suffisamment de chaleur pour lever et bien dorer sans brûler. S'il dore trop rapidement, recouvrez-le de papier brun épais. Tous les gâteaux légers nécessitent une chaleur rapide et ne sont pas bons s'ils sont cuits dans un four froid. brûler plus rapidement, par conséquent doit être cuit dans un four modéré. Chaque cuisinier doit faire preuve de son propre jugement, et en cuisant fréquemment, il sera en très peu de temps capable de dire par l'apparence du pain ou du gâteau s'il est suffisamment cuit. "

GÂTEAU DES ÉCRITURES.

MME. STOCKAGE.

Une tasse de beurre	Juges V. 25
Quatre tasses de farine	I. Rois IV. 22

Trois tasses de sucre	Jérémie VI. 20
Deux tasses de raisins secs	I.Samuel XXX. 12
Deux tasses de figues	I.Samuel XXX. 12
Une tasse d'eau	Genèse XXIV. 17
Une tasse d'amandes	Jérémie I. 11
Six œufs	Isaïe X. 14
Une cuillère à soupe de miel	Exode XVI. 21
Une cuillère à café de crème	Exode XII. 19
Levure chimique trois cuillères à café une pincée de sel	Travail VI. 6
Épices au goût	I. Rois X. 10

Suivez les conseils de Salomon pour faire de bons garçons et vous aurez un bon gâteau. — Proverbes XXIII. 13.

GÂTEAU AUX FRUITS DE NOËL.

MME. THOM.

Une livre de farine, une livre de beurre battu en crème, six œufs battus séparément, deux verres à vin de cognac, une livre de sucre, une livre de raisins secs, une livre de groseilles, une livre de pruneaux, une livre de figues hachées, une moitié livre d'écorces confites mélangées, une demi-livre d'amandes, une demi-cuillère à café d'épices mélangées ou de muscade.

GÂTEAU AUX FRUITS.

Deux livres de raisins secs, deux livres de groseilles, une demi-livre de citron, une livre de sucre, une livre de farine, huit onces de beurre, dix œufs, deux noix de muscade, une demi-once de macis, une cuillère à soupe de clous de girofle, autant de cannelle, un verre de cognac, une cuillère à soupe de levure chimique, une tasse de mélasse. Mélanger le beurre et le sucre jusqu'à ce qu'ils soient très légers, battre les blancs et les jaunes séparément et cuire à four lent.

GLAÇAGE À L'ORANGE.

Une livre de sucre glace, le jus d'un citron et d'une orange, le zeste d'orange râpé.

GÂTEAU AU CARAMEL.

Une cuillère à soupe de beurre, une tasse de sucre, trois œufs, une demi-tasse de lait, une tasse et demie de farine, deux cuillères à café de levure chimique.

REMPLISSAGE. —Deux tasses de sucre, deux tiers de tasse de lait, faire bouillir treize minutes, ajouter du beurre de la taille d'un petit œuf, une bonne cuillère à café de vanille, une fois terminé, remuer jusqu'à ce qu'il soit suffisamment épais pour s'étaler et ne pas couler, cuire au four en trois, étaler entre et en haut.

GÂTEAU CHARLOTTE RUSSE.
MME. RICHARD TOURNEUR.

Une tasse de farine, une tasse de sucre, trois œufs, deux cuillères à café de levure chimique, trois cuillères à soupe d'eau bouillante. Cuire comme un gâteau sandwich.

LE REMPLISSAGE. — Une grande tasse de crème, un quart de paquet de gélatine dissoute dans un peu de lait ; fouetter la crème jusqu'à obtenir une mousse ferme, puis ajouter la gélatine , le sucre et les arômes au goût. Glacez le dessus.

GÂTEAU À LA FÉCULE DE MAÏS.
MME. JAMES LAURIE.

Mélangez une demi-livre de beurre et deux tasses de sucre blanc, ajoutez les jaunes de quatre œufs, une tasse de lait, deux tasses de fécule de maïs et une de farine bien tamisées, une grosse cuillère à café de levure chimique et ajoutez les blancs des quatre œufs. dernier. Aromatisez un peu et tapissez les moules de papier beurré.

GATEAU ÉPONGE. (Splendide.)
MME. ERSKINE SCOTT.

Battez quatre œufs sur une tasse de sucre blanc pendant une demi-heure, puis mélangez une tasse de farine, une fois dans la poêle, versez un peu d'essence de citron sur le dessus et enfournez immédiatement.

GATEAU ÉPONGE.
Mlle KH MARSH.

Battez sept œufs avec leur poids en sucre blanc pendant une demi-heure, puis tamisez le poids de quatre œufs dans la farine. Ajoutez un peu de citron pour parfumer et faites cuire vingt minutes à four rapide.

GATEAU ÉPONGE.

MME. FARQUHARSON SMITH.

Dix œufs ; très frais, une livre de sucre fin, le poids de cinq œufs en farine, le zeste de deux citrons et le jus d'un. Cassez les œufs sur le sucre et battez-les vingt minutes avec une fourchette à deux dents en acier jusqu'à obtenir une belle crème légère, puis râpez-y le zeste de citron avec le jus d'un citron. Tamisez la farine plusieurs fois et mélangez-la ensuite très soigneusement en remuant à peine pour la mélanger, si vous la remuez trop, cela alourdira le gâteau. Battez-le avec le dos de la fourchette vers vous. Le four doit être un peu rapide au début jusqu'à ce que le gâteau lève, si la cuisson est trop rapide, placez un morceau de papier blanc dessus et placez du papier beurré dans les moules. NB—Délicieux s'il est bien préparé.

GATEAU ÉPONGE.

MME. ANDREW T. AMOUR.

Six œufs, le poids de cinq en sucre et trois en farine, battre les blancs et les jaunes séparément, arôme citron.

GÂTEAU ÉPONGE FACILE.

MME. BLAIR.

Quatre œufs, deux tasses égales de sucre, trois quarts de tasse d'eau *chaude* , un et trois quarts de tasse de farine, mesure égale, deux cuillères à café de levure chimique, sel, arôme de citron. Battez les œufs séparément. Aux jaunes, ajoutez progressivement le sucre. Bien mélanger. Ajoutez ensuite de l'eau chaude. Mélangez la levure chimique avec la farine et ajoutez-en une portion, puis une partie des blancs bien battus , et ainsi de suite jusqu'à épuisement. Saveur. Ce sera liquide mais n'ajoutez plus de farine, car tout va bien. Cuire à four modéré. Il peut être cuit très finement, découpé en formes comme des dominos ; givre et marquez les lignes et les points avec une brosse en poil de chameau trempée dans du chocolat.

GÂTEAU AU CACOUNA.

Mlle KH MARSH.

Trois tasses de sucre, deux tasses de beurre, sept œufs, une livre de raisins secs, un verre de vin, une noix de muscade, une tasse de lait aigre et une cuillère à café de soda, cinq tasses de farine. Battez le beurre en crème, puis ajoutez le sucre et les œufs (bien battus), les fruits, les épices et le vin, puis la farine et enfin le soda dissous dans une tasse de lait caillé.

DÉLICIEUSE NOURRITURE D'ANGE.

Mlle RITCHIE.

Battez les blancs de onze œufs en une mousse ferme, puis incorporez délicatement une tasse et demie de sucre semoule tamisé (ou mieux encore de sucre en poudre), une cuillère à café de vanille et une tasse de farine tamisée avec une cuillère à café. de crème de tartre cinq fois ; ajoutez-le très soigneusement et mélangez bien, versez dans un moule non graissé et faites cuire à four modéré pendant environ cinquante-cinq minutes. Une fois terminé, retournez-le et une fois refroidi, il tombera ou pourra être facilement retiré de la poêle avec un couteau.

GATEAU AU CHOCOLAT.

Mlle MA RITCHIE.

Dissoudre deux onces de chocolat dans cinq cuillères à soupe d'eau bouillante. Crémer une demi-tasse de beurre en ajoutant progressivement une tasse et demie de sucre; ajoutez les jaunes de quatre œufs, battez bien ; ajoutez ensuite le chocolat, une demi-tasse de crème ou de lait, une tasse et trois quarts de farine, deux cuillères à café rondes de levure chimique, une cuillère à café de vanille. Battez les blancs d'œufs en une mousse ferme, incorporez-les délicatement au mélange et le tout est prêt à cuire soit dans un moule à pain, soit dans des moules à gâteau à trois étages. Glacer avec un glaçage bouilli parfumé au chocolat.

GATEAU AU CHOCOLAT.

MME. G. CRESSMAN.

Un carré et demi de chocolat fondu dans une demi-tasse de lait, deux œufs, en réservant le blanc d'un œuf pour le glaçage, une tasse de sucre, une cuillère à café de soda dans une demi-tasse de lait et une tasse et quart de farine. Cuire au four dans une lèchefrite. Glaçage bouilli, une tasse de sucre et le blanc d'un œuf.

GÂTEAU À LA CRÈME D'ÉRABLE.

Une tasse de sucre, deux œufs, deux cuillères à soupe de beurre, un peu moins de deux tasses de farine, deux cuillères à café de levure chimique. Cuire au four dans deux moules. Glaçage, une tasse et demie de sucre d'érable, une demi-tasse de crème, faire bouillir jusqu'à épaississement puis battre jusqu'à obtenir une crème, ajouter le blanc d'un œuf, continuer à battre jusqu'à épaississement.

GÂTEAU AU CACAO.

MME MAUD THOMSON.

Frottez une demi-tasse de beurre sur une crème, avec une tasse de sucre, ajoutez les jaunes battus de deux œufs et battez bien. Mélangez une tasse et demie de farine, une cuillère à café de levure chimique et deux cuillères à café de cacao, battez soigneusement les blancs d'œufs en neige ferme, mesurez une demi-tasse de lait, puis ajoutez alternativement un peu de lait et de farine au mélange d'œufs, enfin ajoutez les blancs d'œufs et une cuillère à café de citron ou de vanille. Cuire au four dans un moule peu profond environ vingt minutes, puis glacer avec un glaçage nature au cacao.

GLAÇAGE. — Mélangez une demi-cuillère à café de cacao avec une tasse de sucre en poudre, ajoutez une cuillère à soupe de jus de citron et une cuillère à soupe d'eau bouillante ou suffisamment pour transformer le sucre en une pâte qui se dépose à un niveau lorsque vous arrêtez de remuer. Étalez aussitôt sur le gâteau chaud.

GÂTEAU DE MAÏS.

MME. WW HENRY.

Une tasse de semoule de maïs, une tasse de farine, deux cuillères à café de levure chimique tamisée avec la farine, un œuf, deux cuillères à soupe de beurre fondu, deux cuillères à soupe de sucre, un peu de sel, une tasse et un quart de lait sucré, cuire au four rapide.

GÂTEAU D'ÉQUIPE.

Mlle MC

Une livre de sucre, une livre de farine, trois cuillères à café de levure chimique, cinq œufs, une demi-livre de beurre, un peu de lait, un arôme de vanille ou de citron.

GÂTEAU DE NOËL.

MME. GEORGE M. CRAIG.

Une tasse de beurre fondu, une tasse de lait, une tasse de sucre, une tasse de mélasse, six œufs, six tasses de farine, deux livres de groseilles, deux livres de raisins secs, deux onces de zeste, une cuillère à café de levure chimique Durkee pour chaque tasse de farine.

GÂTEAU À LA NOIX DE COCO. (Splendide.)

MANQUER. BEEMER.

Deux tasses de sucre et une demi-tasse de beurre battu en crème, ajoutez lentement une tasse de lait; mélangez deux cuillères à café de levure chimique avec trois tasses de farine, ajoutez-la progressivement en mélangeant puis en battant, enfin les blancs de six œufs battus en une mousse ferme et une cuillère à café d'extrait de citron. Cela peut être fait en couches (trois) ou cuit dans un moule carré .

GLAÇAGE.

Blancs de deux œufs, une demi-livre de noix de coco et suffisamment de sucre en poudre pour le rendre suffisamment ferme, une cuillère à café d'extrait de citron.

GATEAU À LA CRÈME.

MME. WR DOYEN.

Une tasse de beurre, une tasse de crème ou de lait aigre, deux tasses de sucre, trois tasses de farine, quatre œufs, une cuillère à café de soda mélangée à du vinaigre et enfin incorporée. Cuire dans des moules peu profonds.

GÂTEAU DE CHEMIN DE FER.

Une tasse à thé de farine, une idem de sucre, deux cuillères à café de crème de tartre, une demi-cuillère à café de soda, quatre œufs. Cela formera une pâte épaisse. Beurrer le moule et enfourner une dizaine de minutes.

GÂTEAU DE MONTAGNE.

Une livre de sucre, une livre de farine, une demi-livre de beurre bien battu, une tasse de lait sucré, six œufs, une cuillère à café de crème de tartre, une demi-cuillère à café de soda dissous dans le lait.

GÂTEAU DE MONTAGNE.

MME. BENSON BENNETT.

Trois quarts de tasse de beurre et deux tasses de sucre battu en crème, quatre œufs battus très légèrement, trois tasses de farine avec deux cuillères à café de crème de tartre, une demi-tasse de lait sucré avec une cuillère à café de bicarbonate de soude, cuire au four environ vingt-cinq minutes. cinq minutes.

GÂTEAU MARBRÉ.

MME. WR DOYEN.

Une tasse de sucre blanc, un quart de tasse de beurre, trois œufs (blancs et jaunes battus séparément), une demi-tasse de lait, deux tasses de farine, deux cuillères à café de levure chimique. Séparez cette pâte en trois parties. Dans une partie mettez un carré de chocolat dissous dans un peu d'eau chaude, dans une autre partie mettez une cuillère à café de cochenille pour le colorer. Prélevez une cuillerée de chaque couleur (blanc, marron, rose) en alternance et faites cuire dans un long moule en fer blanc.

GLAÇAGE.

Blanc d'œuf bien battu, une cuillère à café de vanille et sucre pulvérisé.

GÂTEAU MARBRÉ.
Mlle Mildred POWIS.

(Partie légère.)

Un quart de tasse de beurre, trois quarts de tasse de sucre blanc, un quart de tasse de lait, une tasse de farine, les blancs de deux œufs, une cuillère à café de levure chimique.

PARTIE SOMBRE.

Un quart de tasse de beurre, une demi-tasse de cassonade, un quart de tasse de mélasse, un quart de tasse de lait, une et un quart de tasse de farine, des jaunes de deux œufs, une bonne cuillère à café de levure chimique, une demi-cuillère à café (bonne) de clou de girofle. , cannelle, muscade et macis. Mettre dans la poêle une cuillerée à la fois de chaque part.

TARTE AUX MACARONS.

M. JOSEPH FLEIGE.

(Boulanger, Hôtel Grenoble, NY)

Faites une pâte de trois quarts de livre de farine, cinq onces de sucre, une demi-livre de beurre et deux œufs. Étalez-en une partie sur une couche d'un quart de pouce d'épaisseur et étalez-la sur un moule à gâteau rond peu profond d'environ un demi-pouce de profondeur. Cuire très légèrement. Une fois froid, étalez une fine couche de confiture ou de gelée, puis mettez avec le sachet et le tube étoile, les bandes de macaron dessus et faites cuire à four lent bien et bien dorer. Mettez un peu de glaçage entre les bandes une fois la tarte cuite .

PÂTE POUR MACARONS ET TARTE AUX MACARONS.

Prenez une livre de pâte d'amande Hoide et mélangez finement avec une livre de sucre en poudre, puis ajoutez progressivement les blancs d'environ huit œufs jusqu'à ce que la pâte devienne suffisamment lisse et molle pour passer à travers le sac et le tube. Pour les macarons, adoucissez la pâte et utilisez un tube rond ou une cuillère à café. Cuire sur papier à four lent.

GÂTEAU AU SEAU.

MME. POLLEY.

Deux tasses de sucre, deux tiers de tasse de beurre, trois œufs battus séparément, une tasse de lait sucré, deux cuillères à café de levure chimique tamisée avec trois tasses de farine, une cuillère à café d'extrait de citron.

GÂTEAU HARRISSON.

Une tasse de sucre, une tasse de beurre, quatre œufs bien battus, une tasse de mélasse, une livre de raisins secs dénoyautés, une cuillère à café de saleratus , des clous de girofle, de la cannelle et du piment de la Jamaïque, une noix de muscade et quatre tasses de farine.

GÂTEAU À L'ORANGE.

MME. AJ ELLIOTT.

Deux tasses de farine, une petite tasse de lait, une tasse de sucre, une demi-tasse de beurre, deux œufs, une cuillère à café de soda et deux de crème de tartre. Divisé en six parties et étalé le plus finement possible dans des moules de taille uniforme. Cuire au four environ trois minutes : une fois terminé, disposer les couches de garniture à l'orange entre les deux. Méthode : battre ensemble le sucre et le beurre, puis ajouter le lait dans lequel on a dissous le soda et la crème de tartre , puis les œufs bien battus et enfin la farine dans laquelle dépose une pincée de sel. Battez bien et ne lésinez pas sur le beurre.

GARNITURE À L'ORANGE. — Le jus et une partie du zeste râpé de deux oranges, puis ajoutez une tasse de sucre. Une cuillère à soupe de farine dissoute dans une tasse d' eau qui est ajoutée progressivement, puis battez bien le jaune de l'œuf, mélangez bien et faites bouillir dans un cuiseur vapeur jusqu'à ce qu'il soit aussi épais qu'une crème anglaise ou faites bouillir environ trois quarts d'heure. Le cuiseur vapeur est le plus sûr car sinon la farine risque de coller à la poêle.

GÂTEAU À L'ORANGE.

Mlle Fry.

Deux tasses de farine, une tasse de sucre, une demi-tasse de lait, deux cuillères à café de levure chimique, une cuillère à soupe de beurre, une cuillère à soupe de jus d'orange, deux œufs. Battre les œufs et le sucre, ajouter le beurre (fondu), le jus d'orange et le zeste d'une orange, puis le lait. Ajouter la farine et la poudre et cuire au four une demi-heure. Garniture : jus et écorce d'une orange, une cuillère à soupe de jus de citron et de fécule de maïs, deux cuillères à soupe de sucre, une cuillère à café de beurre, un œuf. Mettez le zeste d'orange et le jus de citron dans une tasse, puis remplissez d'eau froide. A ébullition, ajoutez la fécule de maïs avec de l'eau froide. Battez le jaune d'oeuf avec le sucre , ajoutez-le, puis le beurre . À froid, répartissez entre les couches. Glaçage. Battez les blancs de deux œufs, ajoutez trois quarts de tasse de sucre en poudre.

GÂTEAU DE DAME.

MME. GEORGE LAWRENCE.

Une demi-tasse de beurre, une tasse et demie de sucre cristallisé, une tasse d'eau tiède, deux tasses et demie de farine tamisée, quatre œufs, les blancs uniquement, un jus de citron et son zeste râpé, deux cuillères à café d'extrait de vanille, deux cuillères à café de pâtisserie. poudre. Crémer le beurre dans un plat en terre avec une cuillère en argent, en remuant jusqu'à obtenir une couleur crème claire, ajouter le sucre en battant soigneusement. Tamisez la farine, ajoutez-en la moitié et la tasse d'eau un peu de chaque, jusqu'à ce que la tasse soit finie. Battre les blancs d'œufs en neige ferme et sèche, ajouter la moitié, battre, puis le reste de la farine. Bien battre, ajouter le jus et le zeste de citron ou de vanille râpé au choix, puis la levure chimique et le reste des œufs battus. Versez rapidement dans un moule profond et bien beurré et enfournez pour trois quarts d'heure. Le moule doit être prêt à l'emploi dès que la levure chimique est ajoutée . Une fois froid, glacer avec du glaçage blanc.

GÂTEAU AU CITRON.

Mlle Beemer.

Une demi-tasse de beurre bien crémé avec une tasse et demie de sucre, incorporer les jaunes de trois œufs et une tasse de lait ; deux cuillères à café de levure chimique tamisées avec trois tasses de farine et ajoutées en alternance avec les blancs des trois œufs battus jusqu'à obtenir une mousse ferme. Cuire à four assez rapide dans trois moules de taille uniforme et placer, entre les couches, un glaçage composé du zeste râpé d'un citron, du jus de deux citrons et des trois quarts de tasse de sucre. Laissez bouillir et jetez-le sur les blancs de deux œufs bien battus . Ce gâteau se conserve bien cinq ou six jours.

GÂTEAU AUX NOIX.

MME. GEORGE M. CRAIG.

Une tasse de sucre, une demi-tasse de beurre fouetté en crème avec du sucre, quatre œufs, une cuillère à soupe de lait si nécessaire, un quart de livre d'amandes hachées finement, deux onces de zeste de citron, deux cuillères à café de levure chimique et une tasse de farine. .

NOUVEAU GÂTEAU AU PORTO.

MME. THÉOPHILUS OLIVER.

Deux œufs, une demi-tasse de sucre blanc, une demi-tasse de beurre, (fondu) un litre de farine, deux cuillères à café de crème de tartre, une tasse de lait sucré, une cuillère à café de soda dissoute dans de l'eau chaude. Cuire au four dans une poêle profonde (à consommer chaud).

GÂTEAU NATURE.

MME. GILMOUR.

Une demi-tasse de beurre, une tasse de sucre, trois œufs, deux tasses de farine, deux cuillères à café et demie de levure chimique, une tasse de lait.

GÂTEAU SANDWICH.

MME. FRANC LAURIE.

Quatre œufs, une tasse de sucre, une tasse de farine, une cuillère à café de levure chimique ; mélanger les jaunes et le sucre, puis monter les blancs, mélanger avec les jaunes et le sucre, puis ajouter la farine et la levure chimique en incorporant cette dernière à la farine. Cuire à four chaud.

GÂTEAU SANDWICH.

Mlle M. SAMPSON.

tasse et demie de farine, deux cuillères à café de levure chimique. Cuire au four rapide.

CHIGNON ESPAGNOL.

MME. THOM.

Une tasse et demie de sucre, quatre œufs, laisser de côté les blancs de trois pour le glaçage, trois quarts de tasse de beurre, une tasse de lait, une cuillère à soupe de cannelle, une cuillère à café de gingembre, une demi-muscade, deux tasses de farine, trois cuillerées de levure chimique. Cuire au four dans un moule plat bien graissé .

GLAÇAGE.

Prenez les blancs de trois œufs, battez-les jusqu'à obtenir une mousse ferme puis ajoutez une tasse de cassonade claire ; pendant que le gâteau est chaud, étalez-le dessus, remettez au four et faites dorer.

GÂTEAU BLANC. (Délicieux.)

MME. STOCKAGE.

Une tasse de sucre, une demi-tasse de beurre, les blancs de deux œufs, une tasse de lait ou d'eau, deux tasses de farine, deux cuillères à café de levure chimique, crémer le beurre, incorporer le sucre, puis ajouter le lait ou l'eau, les blancs battus, la farine, et enfin l'extrait.

GARNITURE AUX NOIX. —Une tasse de lait, une tasse de viande de noix, une cuillère à soupe de farine, un œuf, une demi-tasse de sucre, du sel. Faire chauffer le sucre du lait et les noix, ajouter l'œuf et la farine mélangés ; cuire jusqu'à épaississement.

GÂTEAU AUX NOIX.

MME. PEIFFER.

Crémer une tasse de sucre semoule et un quart de beurre, et deux œufs, puis deux grandes tasses de farine, deux grosses cuillères à café de levure chimique tamisée quatre fois : pendant que votre farine est encore entassée dans le bol au dessus du beurre, etc., ajoutez une soucoupe bien remplie de noix hachées, puis utilisez autant que nécessaire une tasse de lait sucré pour faire une belle pâte ferme, pas trop fine.

GLAÇAGES POUR GÂTEAUX.

Garniture aux pommes pour gâteau.

MME. WW HENRY.

Une pomme râpée, une tasse de sucre, une cuillère à café de vanille, le blanc d'un œuf battu en neige ferme.

GLAÇAGE AU CHOCOLAT.

MME MAUD THOMSON.

Blanc d'un œuf, huit cuillères à soupe de sucre en poudre, un pouce carré de chocolat, une demi-cuillère à café de vanille. Ne fouettez pas l'œuf mais incorporez-y le sucre en battant jusqu'à obtenir une consistance lisse. Placez le chocolat dans une tasse à thé, faites flotter ce dernier dans une casserole remplie d'eau bouillante. Couvrez la poêle et lorsque le chocolat fond, incorporez-le au glaçage, ajoutez la vanille et étalez-la sur le gâteau .

GLAÇAGE AU CHOCOLAT (Original).

MME. EA PFEIFFER.

Une tasse de sucre cristallisé, deux carrés de chocolat, faire bouillir jusqu'à épaississement (ne pas remuer) puis transformer en blanc d'œuf battu.

GLAÇAGE BOUILLI.

Une tasse de sucre granulé, bouilli jusqu'à ce qu'il s'enfile, puis transformé en blancs battus de deux œufs et fouetté jusqu'à ce qu'il soit froid.

PÂTE DE CHOCOLAT.

MME. BENSON BENNETT.

Faites fondre deux onces de chocolat Baker's, ajoutez une cuillère à soupe d'eau et trois de lait, un morceau de beurre, un œuf bien battu, une tasse de sucre, faites comme dans une marmelade de citron.

Garniture pour gâteau aux figues.

MME. STOCKAGE.

Une livre de figues, une demi-tasse de sucre, deux tiers de tasse d'eau. Faire bouillir les figues finement hachées avec du sucre et de l'eau jusqu'à ce qu'elles soient épaisses.

GLAÇAGE AU SIROP D'ÉRABLE.

Mlle MW HOME.

Une tasse de sirop d'érable, faites bouillir jusqu'à ce qu'il durcisse légèrement lorsqu'il est plongé dans l'eau froide, puis versez-le sur le blanc d'œuf battu et remuez constamment jusqu'à ce qu'il épaississe, puis étalez-le sur le gâteau.

GLAÇAGE AU SUCRE D'ÉRABLE.

MME. ALBERT CLINT.

Une tasse de sucre d'érable, six cuillères à café d'eau, bouillies jusqu'à consistance épaisse. Le blanc d'un œuf battu est croustillant et mélangé au sirop jusqu'à refroidissement, puis étalé sur le gâteau. Remuez rapidement lorsque vous mélangez le sirop et l'œuf.

GLAÇAGE À LA GELÉE D'ORANGE.

Deux oranges, un citron, une tasse de sucre, une tasse d'eau, une cuillère à soupe de fécule de maïs. Râpez les zestes, ajoutez le jus des oranges et du citron ; mélangez la fécule de maïs avec un peu d'eau, mettez dans une casserole et laissez bouillir jusqu'à ce qu'elle soit épaisse et claire, remuez constamment. Une fois suffisamment refroidi, répartissez-le entre les gâteaux.

GLAÇAGE DOUX POUR GÂTEAUX.

Deux tasses de sucre blanc (tasses à thé), trois quarts de tasse de lait sucré, une demi -cuillère à soupe de beurre lavé. Faire bouillir une dizaine de minutes, retirer et remuer constamment jusqu'à ce que le mélange commence à épaissir, puis l'étaler immédiatement sur les gâteaux. Ajoutez l'arôme au goût lorsque vous commencez à remuer.

GLAÇAGE À LA CRÈME.

MME. RATELIER.

Prenez un morceau de beurre d'environ la moitié de la taille d'une amande, lavez-le soigneusement pour enlever le sel, battez-le en crème avec une cuillère à soupe de crème riche, aromatisez avec quelques gouttes de citron, de vanille ou tout autre arôme préféré, puis épaississez avec de la poudre. sucre et étaler sur le gâteau avec un couteau trempé dans l'eau froide. Laisser reposer avant d'utiliser une heure ou plus.

PAIN D'ÉPICES ET PETITS GÂTEAUX.

PAIN D'ÉPICE.

MME. FARQUHARSON SMITH.

Trois quarts de livre de beurre, deux tasses de lait, cinq tasses de farine, deux tasses de mélasse, deux tasses de sucre, cinq œufs, quatre cuillères à soupe de gingembre. Mélanger le beurre et le sucre ensemble. Mélangez la mélasse et le lait et la farine, puis les œufs, fouettez bien ces derniers mais pas séparément, mettez les levées en dernier, une cuillère à café de bicarbonate de soude, et deux de crème tartare ; si du lait aigre ou de la crème est utilisé, il n'est pas nécessaire d'utiliser cette dernière ; une grande poêle plate avec du papier bien beurré . Cuit à four modéré, la cuisson prend environ trois quarts d'heure. La crème sure le rend beaucoup plus riche et ne nécessite pas autant de beurre.

GÂTEAU D'ÉPONGE AU GINGEMBRE.

MME. ANDREW T. AMOUR.

Quatre œufs, trois tasses de mélasse, une tasse de sucre, une demi-tasse de lait ou d'eau, une demi-tasse de beurre, trois petites cuillères à soupe de gingembre, une demi-cuillère à café de muscade, des clous de girofle, de la cannelle, une livre et demie de farine légère, trois cuillères à café de pâtisserie. poudre, arôme citron ou vanille.

PAIN D'ÉPICES DOUX.

MME. WR DOYEN.

Un litre de farine, mélangez-y une demi-tasse de beurre, une pinte de mélasse, deux œufs, une cuillère à soupe de gingembre, deux cuillères à café de soda dissous dans un verre de lait. Une quarantaine de minutes de cuisson.

PAIN D'ÉPICES DOUX.

Mlle Beemer.

Deux tasses de mélasse, une demi-tasse de shortening (saindoux), trois quarts de tasse d'eau bouillante, une cuillère à soupe de gingembre, de cannelle et de saleratus , (soda) deux cuillères à soupe de vinaigre, trois tasses et demie de farine, une cuillère à café de sel (même) , faites fondre lentement la mélasse et le shortening sur le feu, mélangez le saleratus avec l'eau bouillante et ajoutez-le à ce qui précède, puis ajoutez le vinaigre ; mélangez le gingembre, la cannelle et le sel avec la farine et incorporez lentement. Cuire au four dans un long moule plat à four modéré environ une demi-heure.

BISCUITS.

MME. WH POLLEY.

Trois œufs, trois tasses de sucre, une tasse et demie de beurre, une demi-tasse de lait sucré, une cuillère à café de saleratus , une cuillère à soupe de graines de carvi et suffisamment de farine pour étaler.

BUICUITS À LA MÉLASSE.

Une tasse de mélasse bouillie, une demi-tasse de saindoux, une demi-tasse de beurre, une cuillère à café de gingembre et une cuillère à café de saleratus , suffisamment de farine pour étaler.

BISCUITS À L'AVOINE.

MME. SE DANDINER.

Une tasse d' eau chaude, une tasse de beurre et de saindoux mélangés, une tasse de sucre, deux tasses de flocons d'avoine, deux tasses de farine, une cuillère à café de soda dans un peu d'eau bouillante, étaler finement et cuire au four chaud.

BISCUITS. (Splendide).

MME. VERRE FRANC.

Une tasse de sucre, une tasse de beurre, deux œufs, trois cuillères à café de levure chimique, une cuillère à soupe d'eau, de la farine à rouler, une cuillère à café de vanille, étalez un peu de pâte à la fois.

BISCUITS AU GINGEMBRE.

Une tasse et demie de mélasse, une tasse de cassonade, une pincée de gingembre, une cuillère à café de soda, une demi-tasse de lait aigre, une demi-tasse de beurre, une demi-tasse de saindoux, de la farine pour rouler.

Beignets.

Une demi-tasse de beurre et une tasse de sucre battus ensemble, trois œufs battus légèrement, une demi-tasse de lait aigre, une cuillère à café de soda, suffisamment de farine pour rouler les frites dans du saindoux chaud.

GÂTEAUX FRITS.

MME. HENRY THOMSON.

Une tasse de sucre, du beurre de la taille d'un œuf, une tasse de lait, deux œufs, un litre de farine, deux cuillères à café de crème de tartre, une demi-cuillère à café de soda, des épices au goût.

CRULLERS.

MME. ARCHIBALD LAURIE.

Une tasse de crème sure, deux œufs battus séparément, trois quarts de tasse de sucre, une demi-cuillère à café de soda dissous dans de l'eau bouillante, une cuillère à café de crème de tartre tamisée avec de la farine, suffisamment de farine pour rouler assez mollement et faire bouillir dans du saindoux frais.

CRULLERS.

Mlle Green.

Une pinte de crème, quatre œufs, une tasse de sucre, trois cuillères à café de levure chimique, suffisamment de farine pour faire une pâte apte à rouler.

CROQUIGNOLES.

MADAME A. GRENIER.

Une demi-pinte de crème, une demi-pinte de lait, quatre œufs bien battus, trois quarts de livre de sucre cristallisé, un quart de livre de beurre mélangé à la farine, une cuillère à café de soda dissoute dans du vinaigre, deux cuillères à café de pâtisserie. poudre, farine suffisamment pour l'étaler.

CROQUIGNOLES.

MME. ARCHIE CUISINIER.

Trois œufs, une tasse de lait, un quart de livre de beurre, une tasse et demie de sucre, trois cuillères à café de levure chimique, suffisamment de farine pour étaler et un peu d'essence de citron.

Beignets.

M. JOSEPH FLEIGE.

(Boulanger, Hôtel Grenoble, NY)

Une demi-livre de sucre, trois onces. beurre, quatre œufs, une pinte de lait, un peu d'essence de citron et deux livres de farine avec une once de levure chimique.

DES GAUFRES MÉLANGES.

Une demi-livre de sucre, une demi-livre de beurre et une demi-livre de farine, trois œufs et un arôme de vanille. Placer sur un long plat plat à l'aide d'un sachet et d'un tube, cuire à bon four.

BOUFFÉES. (Gâteau au thé chaud .)

MME. BENSON BENNETT.

Une pinte et demie de farine, trois œufs, une demi-tasse de beurre, une demi-tasse de sucre en poudre, deux cuillères à café de crème de tartre, une idem de carbonate de soude, une demi-pinte de lait.

GÂTEAU À LA CRÈME DE BOSTON.

MME. JOHN MACNAUGHTON.

Faire bouillir un quart de livre de beurre dans une demi-pinte d'eau. Incorporer en faisant bouillir six onces de farine. Sortez du feu et incorporez progressivement (après quelques minutes de refroidissement) cinq œufs bien battus. Ajoutez un quart de cuillère à café de soda et un peu de sel. La recette ci-dessus donne environ deux douzaines de gâteaux. Ils doivent être cuits de vingt minutes à une demi-heure. Assurez-vous de les laisser cuire suffisamment. Ne pensez pas qu'ils brûlent à moins que vous ne les voyiez le faire.

CRÈME POUR LE REMPLISSAGE.

Faites bouillir trois quarts de pinte de lait et incorporez-les en faisant bouillir deux œufs, une tasse de sucre et une demi -tasse de farine battues ensemble très doucement. Aromatisez selon votre goût et, une fois refroidi, remplissez le gâteau à travers une petite fente pratiquée sur le côté de chacun avec un couteau bien aiguisé. Les gâteaux doivent également être refroidis avant d' être garnis .

GÂTEAUX DOMINOS.

Mélangez le plus rapidement possible deux tasses de sucre avec une de beurre, puis les jaunes battus et enfin les blancs de trois œufs battus en neige ferme, et une cuillère à café d'extrait de citron. Incorporer juste assez de farine pour étaler la masse très finement et la couper en forme de domino. Une fois les gâteaux dans le moule, badigeonnez-les de blanc d'œuf à l'aide d'une plume et saupoudrez-les de confits. Cuire un brun clair. Ils sont délicieux et jolis et se conserveront longtemps au frais.

GÂTEAUX DE REINE.

MME. SMYTHE.

Une tasse de farine, quatre cuillères à soupe de sucre, deux cuillères à soupe de beurre, une demi-cuillère à café de levure chimique, idem d'extrait de citron, deux œufs et quelques groseilles. Battez les œufs avec le sucre, ajoutez le beurre fondu, puis la farine et l'essence de citron, saupoudrez de quelques groseilles au fond de petits moules . Enfournez une quinzaine de minutes.

GÂTEAUX SHREWSBURY.

Mlle Henry.

Frotter pour obtenir une crème six onces de sucre, avec six onces de beurre, ajouter deux œufs bien battus et travailler dans douze onces de farine en ajoutant une cuillère à café d'eau de rose. Étalez finement et coupez en petits gâteaux.

CONFECTIONS.

"Les viandes sucrées, messagères d'une forte domination dans une jeunesse non endurcie." - SHAKESPEARE.

AMANDES SALÉES.

MME. BENSON BENNETT.

Blanchir, mettre dans un plat allant au four, et pour chaque livre mettre une cuillère à soupe de beurre, les mettre au four, surveiller et secouer jusqu'à ce qu'ils soient bien dorés ; retirez et soulevez soigneusement la graisse, saupoudrez abondamment de sel et mettez immédiatement dans un endroit frais.

SCOTCH AU BEURRE. (Original.)

MME. EA PFEIFFER.

Une pinte de sirop d'érable, du beurre de la taille d'un œuf, faire bouillir jusqu'à ce qu'il soit ferme lorsqu'il est plongé dans l'eau froide.

CRÈMES AU CHOCOLAT.

MME. EDWARD C. POUVOIRS.

Deux livres de sucre glace, un quart de livre de noix de coco râpée, une cuillère à soupe de vanille, une pincée de sel, les blancs de trois œufs (battus très fort) ; mélanger le tout et rouler en petites boules; laisser reposer une demi-heure ; puis tremper dans le chocolat préparé ainsi : Une demi-gâteau de chocolat Boulanger (râpé finement), deux cuillères à soupe de beurre. Faites chauffer le beurre; incorporer le chocolat. Une fois refroidies, trempez-y les crèmes et déposez-les sur une assiette beurrée pour qu'elles durcissent.

TIRE DE VANILLE.

Trois tasses de sucre cristallisé, une tasse d'eau froide, trois cuillères à soupe de vinaigre. Cuire sans remuer jusqu'à ce qu'il s'enfile; ajoutez une cuillère à soupe de vanille; Laisser refroidir; tirer jusqu'à ce qu'il soit blanc; couper en petits carrés.

CARABINE D'EVERTON.

MME. FRANC LAURIE.

Mettez une livre de cassonade, une tasse d'eau froide pour le petit-déjeuner, huit onces de beurre non salé, mélangez bien dans une petite casserole, remuez jusqu'à ébullition. Testez la force du caramel comme vous faites du sucre d'orge.

SCOTCH AU BEURRE.

MME. WR DOYEN.

Deux tasses de cassonade, une cuillère à soupe d'eau, du beurre de la taille d'un œuf. Faire bouillir *sans remuer* . Essayez-le dans de l'eau froide, et c'est prêt lorsqu'il durcit sur la cuillère. (Ajoutez une cuillère à café de vanille si vous préférez). Verser sur des assiettes beurrées. Marquez des carrés avant qu'il ne durcisse et lorsqu'il refroidit, il se détachera proprement.

FONDANT AU CHOCOLAT.

Quatre tasses de sucre (blanc), deux tasses de lait, une livre de beurre, une tasse de chocolat râpé, vanille au goût. Des noix peuvent être ajoutées . Faire bouillir et bien battre (comme pour le sucre à la crème) verser sur des assiettes beurrées et couper en carrés.

BONBONS AUX NOIX.

Deux tasses de sucre blanc granulé, une demi-tasse de lait sucré. Faire bouillir pendant *environ* dix minutes et ajouter trois quarts de tasse de noix coupées en morceaux. Retirer du feu et bien battre et quand il épaissit verser sur des assiettes beurrées. Les bonbons à la noix de coco peuvent être préparés de la même manière. Si le bonbon n'épaissit pas après avoir été battu, il n'est pas suffisamment bouilli et peut être remis sur le feu. Remuez constamment, si les *noix* sont dedans.

CORNICHONS.

CHUTNEY DE TOMATE CANADIEN. (Splendide.)
MME. RATELIER.

Une tomate verte picorée, douze gros oignons rouges, un gros chou-fleur, deux têtes de céleri, deux têtes d'ail, six poivrons rouges. Lavez les tomates et séchez-les ; épluchez les oignons, coupez le chou-fleur en petits morceaux, ainsi que le céleri et les poivrons, ébouillantez et séparez l'ail. Lorsque tout est prêt, coupez les tomates et les oignons en tranches et mettez-en une couche profonde dans votre casserole en mélangeant certains des autres ingrédients avec eux, puis saupoudrez de gros sel et continuez couche par couche jusqu'à ce que tout soit dans la casserole. Laissez reposer vingt-quatre heures, puis égouttez la liqueur et ajoutez ce qui suit, en mettant le tout sur le feu pour faire bouillir au moins deux heures, ou jusqu'à ce qu'il soit tendre ; trois pintes de vinaigre, trois livres de cassonade, une cuillère à soupe de clous de girofle (moulus) et idem de cannelle, de piment de la Jamaïque et de poivre, une once de poudre de curcuma. Remuez fréquemment le tout par le bas pour éviter que cela ne colle et ne brûle.

CHUTNEY DE TOMATE.
MME. J. MACNAUGHTON.

Coupez un morceau de tomates vertes dans un bocal, saupoudrez un peu de sel sur chaque couche et laissez reposer vingt-quatre heures, égouttez la liqueur ; mettez les tomates dans une bouilloire avec une cuillère à café de chacune des épices suivantes : gingembre moulu, piment de la Jamaïque, clous de girofle, macis, cannelle, une cuillère à café de raifort gratté, douze petits ou trois gros poivrons rouges, trois oignons, une tasse pleine de brun sucre, recouvrir le tout de vinaigre ; faire bouillir lentement pendant trois heures.

cornichon aux pommes et aux pommettes.
MME. J. MACNAUGHTON.

Un litre de bon vinaigre, six tasses de sucre brun ou d'érable, une cuillère à café de clous de girofle, de cannelle et de piment de la Jamaïque. Faire bouillir le vinaigre et le sucre ensemble, écumer et ajouter les épices. Prenez les extrémités fleuries des pommes et mettez-en autant à la fois que possible sur le dessus du vinaigre sans les agglomérer et faites cuire jusqu'à ce qu'elles soient facilement percées avec une paille. Sceller dans des bocaux de fruits en verre.

SAUCE CHILI.

MME. SE DANDINER.

Six grosses tomates, trois petits poivrons verts, un oignon, deux grosses cuillères à soupe de sucre, du sel au goût, une tasse et demie de vinaigre, des tomates pelées, des poivrons et des oignons hachés finement et le tout bouilli pendant une heure.

CHOW CHOW .

MME. BARROW SEPTIMUS.

Un morceau de tomates vertes hachées finement, une douzaine de bons gros oignons hachés finement, deux litres de vinaigre, deux livres de cassonade, une cuillère à soupe de piment de la Jamaïque et de clous de girofle, deux cuillères à soupe de moutarde moulue, de poivre noir et de sel, une demi-tasse de thé de cheval râpé. un radis. Mélangez le tout et laissez mijoter jusqu'à ce qu'il soit parfaitement tendre, en remuant souvent pour éviter de brûler. Sceller dans des bocaux en verre pendant qu'il est chaud.

CHOW CHOW . (Original.)

MME. EA PFEIFFER.

Deux gallons de tomates, douze oignons, deux litres de vinaigre (malt), un litre de sucre (brun), deux cuillères à soupe de gros sel, idem de moutarde et de poivre noir, une cuillère à soupe de piment de la Jamaïque et idem de clous de girofle.

SAUCE CÉLERI.

MME. THÉOPHILUS OLIVER.

Quinze tomates mûres, deux poivrons, cinq gros oignons, sept cuillères à soupe et demie de sucre blanc, deux cuillères à soupe et demie de sel, trois tasses de vinaigre, deux têtes de céleri, hachez les oignons de céleri et les poivrons, et faites bouillir le tout ensemble. une heure et demie.

cornichon à la moutarde.

MME. J. MACNAUGHTON.

Six onces de moutarde moulue, deux onces de fécule de maïs , une once et demie de curcuma, une once de poudre de curry, deux litres de vinaigre de vin blanc. Mélangez les ingrédients dans le vinaigre froid et incorporez-le au reste du vinaigre à ébullition. Remuer pendant une demi-heure et verser sur les cornichons qui ont été recouverts d'une forte saumure de sel et bouillis pendant trois minutes, puis égouttés et mis en bouteilles ou en bocaux. C'est agréable pour le chou-fleur et suffit pour une grosse tête qui doit être coupée en petits morceaux. D'autres légumes comme les cornichons peuvent être utilisés.

CORINCH POUR BOEUF DE MAÏS.

MME. HENRY THOMSON.

Deux gallons d'eau (douce, la meilleure), deux livres et demie de sel, une demi-livre de sucre, deux onces de salpêtre .

PÊCHES MARINÉES.

Mlle EDITH HENRY.

Huit livres de pêches, quatre livres de sucre blanc, un litre de vinaigre, une once de cannelle, une once de clous de girofle. Sélectionnez de grosses pêches à noyau ferme, retirez la peau et mettez-les dans un bocal. Mettez le sucre, le vinaigre et les épices dans une bouilloire, laissez bouillir, écurez et versez sur les fruits. Le lendemain, videz le sirop, faites bouillir à nouveau et versez sur les pêches. Puis le troisième jour, mettez les fruits et le tout dans la bouilloire et faites bouillir jusqu'à ce qu'ils soient tendres, soit environ dix minutes. Si vous utilisez des épices moulues , mettez-les dans un sac en toile à fromage.

cornichon aux tomates douces.

MME. JEAN JACK.

Un morceau de tomates vertes tranchées, six gros oignons tranchés, saupoudrez-les d'une tasse de sel, laissez-les reposer toute la nuit , égouttez-les le matin, puis prenez deux litres d'eau et un de vinaigre, faites-les bouillir dedans quinze ou vingt. minutes, mettez-les dans une passoire pour les égoutter, puis prenez quatre litres de vinaigre, deux livres de cassonade, une demi-livre de graines de moutarde blanche, deux cuillères à soupe de piment de la Jamaïque moulu, autant de clous de girofle, de cannelle, de gingembre et de moutarde et une cuillère à café de poivre de Cayenne. Mettez le tout dans une bouilloire et faites cuire doucement quinze minutes. Suivez les instructions et vous les prononcerez en majuscule.

CATSUP DE TOMATE.

Mlle Green.

Un morceau de tomates mûres, un litre d'oignons dans une bouilloire en émail : faire bouillir jusqu'à ce qu'ils soient tendres, écraser et passer au tamis grossier. Un litre ou plus de vinaigre et deux à trois cuillères à soupe de sel, une once de macis et une cuillère à soupe de poivre noir, de poivre de Cayenne et de clous de girofle moulus, une livre et demie de cassonade. Mélangez et faites bouillir lentement pendant deux heures. Bouteille et sceau.

CONSERVES.

« Cela ne plaira pas à votre honneur de goûter à ces conserves. » —
SHAKESPEARE.

FRUITS EN CONSERVE.
Mlle M. SAMPSON.

Pour conserver des fraises, des framboises ou des prunes : à chaque livre de sucre, ajoutez une demi-pinte d'eau, faites bouillir jusqu'à obtenir un sirop riche, laissez reposer jusqu'à ce qu'il soit froid ; faites remplir vos bocaux de fruits crus (non écrasés) et remplissez-les avec le sirop froid, mettez les couvercles et les vis, (pas les anneaux en caoutchouc,) et placez-les dans l'eau froide jusqu'au col des bocaux, vous aurez besoin de paille ou des éclats entre les bocaux pour éviter qu'ils ne se touchent ou ne brûlent au fond, laissez bouillir l'eau pendant quinze minutes, mettez un peu de sirop chaud pour remplir les bocaux, mettez des anneaux en caoutchouc, vissez bien et conservez dans un endroit frais et sombre.

JUS DE FRUITS EN CONSERVE.
MME. FARQUHARSON SMITH.

Les jus de fruits peuvent être conservés longtemps en conserve comme les fruits entiers. Ils sont pratiques pour les glaces à l'eau et les boissons estivales. Écrasez les fruits et passez la pulpe au tamis fin. Mélangez environ trois livres de sucre avec un litre de jus et de pulpe de fruits. Remplissez les bocaux Mason's avec le sirop, couvrez et placez-les dans un chauffe-eau avec de l'eau froide pour couvrir presque jusqu'au sommet du pot. Laissez l'eau bouillir une demi-heure, puis remplissez chaque pot jusqu'au bord, fermez et laissez refroidir dans l'eau.

AUX PÊCHES AU BRANDY.

À trois livres de sucre, ajoutez une pinte et demie d'eau ; faites-le bouillir et écumer; préparez huit livres de pêches à noyau adhérent mûres : lavez et frottez avec une serviette grossière jusqu'à ce que tout le duvet soit enlevé, puis percez-les avec une fourchette et jetez-les dans le sirop et faites-les bouillir jusqu'à ce qu'une paille pointue puisse les ponctuer : au fur et à mesure qu'elles ramollissent, mettez-les dans votre pot, qui doit être bien couvert. Faites bouillir votre sirop jusqu'à ce qu'il épaississe, pendant qu'il est chaud, ajoutez un litre du meilleur cognac et jetez-le sur vos pêches, attachez bien le pot.

GELÉE DE CASSIS.

Les groseilles ne doivent pas être trop mûres. Des parts égales de groseilles rouges et blanches ou de groseilles et de framboises composent une gelée délicatement colorée et parfumée. Ramassez et retirez les feuilles et les fruits pauvres, et s'ils sont sales, lavez-les et égouttez-les mais ne les équeutez pas. Écrasez-les dans une bouilloire en porcelaine, avec un pilon en bois, sans chauffer car cela noircit la gelée. Laissez-les égoutter dans un sac en flanelle toute la nuit. *Ne* les pressez pas, sinon la gelée sera trouble. Le matin, mesurez un bol de sucre pour chaque bol de jus et faites chauffer soigneusement le sucre dans un plat en terre cuite au four. Remuez souvent pour éviter qu'il ne brûle : faites bouillir le jus vingt minutes et écumez-le soigneusement. Ajoutez le sucre chaud et faites bouillir pendant trois à cinq minutes ou jusqu'à ce qu'il épaississe avec une cuillère lorsqu'il est exposé à l'air. Transformez-les aussitôt dans des verres et laissez-les rester au soleil plusieurs jours puis recouvrez de papier imbibé d'eau-de-vie et collez du papier sur le dessus des verres. Celui qui fait autorité en la matière recommande de recouvrir de paraffine fondue , ou de mettre un morceau de paraffine dans la gelée encore chaude. Après avoir égoutté le jus, les groseilles peuvent être pressées et une gelée de deuxième qualité peut être préparée, elle n'est peut-être pas claire mais répondra à certaines fins.

ÉCORCES CONFITES.

MME. DAVID BELL.

Mettez les écorces de citron ou d'orange, dans du sel fort et de l'eau, lorsqu'elles sont suffisamment molles pour passer une paille, sortez-les et faites-les tremper en changeant l'eau jusqu'à ce que tout le goût du sel disparaisse, puis laissez-les mijoter dans un sirop de cassonade fin jusqu'à ce que clair; sortez-les, placez-les sur un plat et laissez-les reposer un jour ou deux. Faites bouillir le sirop jusqu'à ce qu'il soit épais, puis remplissez-en les peaux et mettez-les à sécher.

MIEL DE CITRON. (Remplissage.)

MME. VERRE FRANC.

Une livre de beurre, quatre livres de sucre, deux douzaines d'œufs sans compter huit blancs, le zeste et le jus d'une douzaine de citrons. Mélangez le tout et laissez mijoter jusqu'à ce que le mélange épaississe comme du miel. Mis en bocaux , se conserve des années .

CONFITURE DE CITROUILLE.

MME. HENRY THOMSON.

Peler et épépiner, puis couper en morceaux de deux ou trois pouces carrés, déposer sur un plat pour sécher jusqu'au lendemain, puis mettre dans la casserole et couvrir à peine de mélasse. Dans une citrouille de taille moyenne, mettez une once de clous de girofle et environ une cuillère à dessert de gingembre ou autant que vous le souhaitez ; laissez bouillir jusqu'à ce que la citrouille soit assez tendre. Une demi-douzaine de pommes (aigres) juste évidées et non pelées constitue une grande amélioration. La mélasse doit seulement arriver au sommet de vos morceaux , et non les recouvrir .

GELÉE DE FRUITS.

MME. DUNCAN-LAURIE.

Dissolvez deux onces d'acide tartrique dans un litre d' eau froide et versez-le sur cinq livres de fraises, de groseilles ou de framboises. Laissez reposer vingt-quatre heures. Filtrez-le ensuite sans presser ni abîmer le fruit. À chaque pinte de jus clair , ajoutez une livre et demie de sucre blanc. Remuer fréquemment jusqu'à ce que le sucre soit dissous. Puis mettre en bouteille et boucher hermétiquement. Conserver dans un endroit frais et sombre. Au besoin, dissoudre une once gélatine dans une demi-pinte d'eau bouillante, ajouter une pinte et demie de sirop. Verser dans un moule et laisser figer. Servir avec de la crème fouettée.

GELÉE DE RAISIN.

MME. GEORGE ELLIOTT.

Écrasez les raisins dans une sauteuse, mettez-les sur le feu et laissez cuire jusqu'à ce qu'ils soient bien cuits. Filtrer à travers un sac de gelée et ajouter à chaque pinte de jus une livre de sucre. Faites bouillir le jus rapidement pendant dix minutes, ajoutez le sucre chauffé dans la poêle du four et faites bouillir rapidement encore trois minutes. Excellent.

CONFITURE.

MME. FARQUHARSON SMITH.

Coupez les oranges en deux et travaillez à la cuillère pour retirer l'intérieur. Tranchez très finement la peau. Retirez la peau et les graines de la pulpe, mélangez la peau et la pulpe et pesez-les. Pour chaque livre de fruit, versez trois litres d'eau froide dessus et laissez reposer vingt-quatre heures. Faire bouillir jusqu'à ce que les chips soient tendres (environ une heure et demie). Cela absorbe une grande partie du liquide. Laissez reposer encore vingt-quatre heures. Pour chaque livre de fruits bouillis, mettez une livre et quart de sucre. Faire bouillir jusqu'à ce que les gelées de sirop et les chips soient transparentes. Faire bouillir les reinettes et les peaux dans un gallon d'eau et filtrer.

MARMELADE D'ORANGES AMERES.

MME. R. STEWART.

Une douzaine d'oranges amères, trois oranges douces, trois citrons. Trancher ou raser *très finement* les oranges amères et les citrons en mettant de côté les pépins dans un bol ; Parer ou trancher les oranges douces. À chaque pinte de fruit, ajoutez quatre pintes d'eau froide, couvrez les pépins avec de l'eau, laissez reposer pendant vingt-quatre heures, faites bouillir jusqu'à ce qu'ils soient bien tendres, mettez les pépins dans un sac en mousseline lorsqu'ils sont prêts : à chaque livre de fruit, ajoutez une livre et demie. sucre blanc et faites bouillir jusqu'à ce qu'il gélifie, de vingt à trente minutes.

MARMELADE DE CASSIS.

MME. WW HENRY.

Sept livres de groseilles, six livres de sucre, deux livres de raisins secs, deux oranges. Cuire une heure et demie. Filtrez le jus des groseilles, épépinez les raisins secs et hachez-les finement. Utilisez toute l'orange sauf les graines, hachez-les finement.

MARMELADE DE RHUBARBE.

MME. THÉOPHILUS OLIVER.

Épluchez et coupez la rhubarbe en petits morceaux, prenez le zeste d'un citron coupé en copeaux ; pour chaque deux livres de rhubarbe, puis pesez trois quarts de livre de sucre blanc pour chaque livre de fruit. Mettez les fruits et le sucre dans une bassine en couches et laissez reposer toute la nuit. Videz le sirop et faites-le bouillir pendant vingt minutes, ajoutez les fruits et faites bouillir encore vingt minutes, lorsque la marmelade doit être prête à être mise en pots.

ANANAS CRU CONSERVÉ.

MME. W. CUISINER.

Parez les ananas et enlevez tous les yeux. Avec un couteau bien aiguisé, coupez l'ananas en fines tranches en coupant les côtés jusqu'à atteindre le cœur , celui-ci est à jeter. Pesez les tranches d'ananas et mettez-les dans un grand plat en terre. Ajoutez-y autant de kilos de sucre cristallisé que de kilos de fruits et remuez bien. Emballez ce mélange dans des pots d'un litre ou d'une pinte : couvrez hermétiquement et rangez. L'ananas se conservera un an ou plus et sera parfaitement tendre et finement parfumé. Il est préférable de choisir des fruits pas trop mûrs.

TOMATES CONSERVÉES. (Original).

MME. EA PFEIFFER.

Prenez deux gallons de grosses tomates vertes lisses, faites un cornichon avec trois pintes de vinaigre et un litre d'eau, deux cuillères à soupe de sel, une cuillère à soupe chacune, des épices, des clous de girofle et de la cannelle, une livre de sucre : ébouillantez les épices dix minutes dans du vinaigre et de l'eau. , puis ajoutez les tomates et ébouillantez-les jusqu'à ce qu'elles soient tendres, coupez-les en tranches pour la table et versez la sauce dessus. NB Filtrer les épices sur les tomates et sceller pendant qu'elles sont chaudes; certains préfèrent sans sel.

POUR CONSERVER LES TOMATES POUR UNE UTILISATION HIVERNALE.

MME. ERNEST F. WURTELE.

Pour quinze livres de tomates, mettez trois onces de sucre blanc et trois onces de sel, faites bouillir très fort pendant vingt minutes. Remplissez les pots d'une pinte jusqu'à ce qu'ils débordent et vissez-les fermement ; dès qu'ils refroidissent, revissez-les pour vous assurer qu'ils sont bien serrés. Cette quantité remplit des pots de dix pintes . Épluchez les tomates avant de les faire bouillir, cela se fait rapidement en versant de l'eau bouillante dessus.

BREUVAGES.

CRÈME DE BOSTON. (Une boisson d'été).

MME. W. FRASER.

Faites un sirop de quatre livres de sucre blanc avec quatre litres d'eau ; bouillir; à froid, ajoutez quatre onces d'acide tartrique, une once et demie d'essence de citron et les blancs de six œufs battus en une mousse ferme ; bouteille. Un verre de vin de crème dans un verre d'eau, avec suffisamment de carbonate de soude pour la rendre effervescente.

COUPE CLARET.

MME. HENRY THOMSON.

Six bouteilles de bordeaux, une de sherry, trois verres à vin de cognac, cinq bouteilles d'eau gazeuse, du sucre au goût.

BIÈRE DE GINGEMBRE.

MME. DUNCAN-LAURIE.

Un quart de livre de gingembre blanc, deux onces de crème tartare, deux livres de sucre blanc, le jus de deux citrons, trois gallons d'eau chaude ; faire bouillir une heure, boucher pendant qu'il est chaud.

GINGERETTE.

MME. ALBERT CLINT.

Quatre livres et demi de pain de sucre , une once et demie d'acide tartrique, quatre onces de teinture de gingembre, une once d'essence de poivron, deux gouttes de cassia. Mettez les ingrédients ci-dessus dans un pot pouvant contenir deux gallons d'eau bouillante ; une livre de cassonade à brûler dans une poêle jusqu'à ce qu'elle ait la couleur du café, puis ajoutez-y les autres ingrédients. L'eau bouillante est la dernière chose à verser sur les ingrédients. Remuer jusqu'à ce que le sucre soit dissous . Une fois froid, mettre en bouteille, boucher hermétiquement et ranger pour utilisation. Le sucre brûlé lui donne une jolie couleur .

CORDIAL DE GINGEMBRE.

MME. ERSKINE SCOTT.

Dix citrons, un gallon de whisky, six onces de racine de gingembre (à broyer) et mis avec le whisky sur les citrons, après les avoir coupés en tranches, et laissés pendant trois semaines. Ensuite, prenez cinq livres de sucre blanc, versez dessus trois pintes d'eau bouillante et mettez le feu jusqu'à ce qu'il soit fondu . Lorsqu'il est froid, versez sur les citrons après les avoir égouttés, mis en bouteille et bien fermés.

JUS DE RAISIN.

MME. GEORGE LAWRENCE.

Pour dix livres de raisins (Concord), deux livres de sucre blanc, lavez les raisins, couvrez-les d'eau dans une marmite et faites bouillir pendant trente minutes, passez à travers une étamine grossière, laissez refroidir, ajoutez le sucre, faites bouillir vingt minutes de plus et mettez en bouteille pendant ce temps. *bouillant* , boucher et sceller avec de la cire à cacheter.

VIN DE RAISIN.

MME. EA PFEIFFER.

Prenez des raisins bleus frais, les tiges doivent être vertes, écrasez-les bien, mettez-les dans une casserole et réchauffez-les à feu non bouillant, passez-les d'abord à travers une étamine, puis à travers une flanelle, remettez dans la casserole, sucrez au goût, portez à ébullition, mettez en bouteille. bien chaud, boucher et sceller. Je l'ai conservé plus d'un an sans aucune fermentation. Original.

JUS DE RAISIN.

MME. J. MACNAUGHTON.

Récoltez et lavez vos raisins. Les concordes seraient préférables. Mettez-les dans votre bouilloire en porcelaine avec juste assez d'eau pour éviter qu'ils ne collent. Lorsque les peaux craquent, retirez du feu, versez dans un sac de flanelle, pas plus d'un litre à la fois, et pressez le jus. Ajoutez près de la moitié de sucre que de jus et remettez dans la bouilloire. Lorsque le sucre est entièrement dissous et le jus bouillant, versez dans des boîtes de conserve et fermez-les. Les canettes de pinte sont préférables ; une fois ouvert, il peut être dilué avec de l'eau selon le goût et se conservera parfaitement sucré pendant plusieurs jours s'il est conservé dans un endroit frais.

ACIDE DE FRAMBOISE.

MME. GEORGE M. CRAIG.

Dissolvez cinq onces d'acide tartrique dans deux litres d'eau, versez-le sur douze livres de framboises rouges dans un grand bol, laissez reposer vingt-quatre heures, égouttez-le sans presser : à une pinte de cette liqueur, ajoutez-en une et demie. livres de sucre blanc, remuer jusqu'à dissolution, mettre en bouteille mais ne pas boucher pendant plusieurs jours, lorsqu'il est prêt à l'emploi, deux ou trois cuillères à soupe dans un verre d'eau glacée feront une délicieuse boisson.

VINAIGRE DE FRAMBOISE.

MME. STUART OLIVER.

Couvrez de vinaigre et laissez-les reposer environ une semaine, en remuant tous les jours, puis égouttez les fruits et ajoutez à chaque pinte une livre de sucre. Faire bouillir jusqu'à ce que cela ressemble à un sirop environ une demi-heure, bouteille, bouchon en liège à froid.

SIROP DE CITRON.

MME. THOM.

Une livre de sucre glace en poudre, un quart de livre d'acide tartrique, un quart de livre de carbonate de soude, quarante gouttes d'essence de citron. Ajoutez ce dernier au sucre , mélangez bien . Après l'avoir bien séché, passez-le au tamis et conservez-le dans une bouteille bien bouchée. Une cuillère à café suffira pour un verre d'eau.

SIROP DE CITRON.

MME. FARQUHARSON SMITH.

Deux onces d'acide citrique, une once d'acide tartrique, une demi-once de sels d'Epsom , cinq livres de sucre blanc. Râper le zeste de trois citrons, le jus de six citrons, trois litres d'eau bouillante, à froid ajouter les blancs de deux œufs bien battus, passer dans une mousseline, puis mettre en bouteille.

SIROP DE CITRON.

MME. ARCHIBALD LAURIE.

Un litre de jus de citrons frais, la peau jaune seulement de six citrons, un litre d'eau bouillante, quatre livres de sucre blanc. Laissez reposer vingt-quatre heures. S'il n'est pas complètement dissous, faites-le fondre à feu doux. Filtrer dans un sachet de gelée et un flacon bien bouché, se conserve trois mois au frais.

CUISINER POUR LES MALADES.

CRÈME NOURRISSANTE POUR CONVALESCENTS.

MME. BLAIR.

Battez les jaunes de quatre œufs, trois cuillères à soupe de sucre, le zeste (légèrement râpé) et le jus d'une orange ou d'un citron. Ajoutez une cuillère à café de sucre en poudre aux blancs d'œufs et battez jusqu'à ce qu'ils soient fermes. Placer le récipient contenant les jaunes battus dans une casserole d'eau bouillante, cuire doucement en remuant constamment. Lorsqu'il commence à épaissir, incorporez les blancs d'œufs jusqu'à ce qu'ils soient bien mélangés, puis mettez-le au frais. Servir dans des petits verres.

THÉ DE BOEUF POUR INVALIDES.

MME. W. CUISINER.

Une livre de bœuf maigre et une livre de veau, coupés en petits morceaux et mis dans un bocal à large ouverture. Versez dessus deux verres d'eau froide ou de vin, une cuillère à café de sel et un peu de macis si vous le souhaitez. Bouchez bien le pot et attachez une vessie dessus. Placez le pot dans une casserole profonde d' eau froide qui ne doit pas recouvrir le bouchon. Laissez bouillir lentement pendant quatre heures ou plus et passez au tamis. Une cuillère à soupe de ceci équivaut à une tasse de thé de bœuf ordinaire.

GELÉE DE PIED DE VEAU.

Faites votre stock de pieds de veau et de deux pieds de bœuf. Ajoutez-y si c'est très ferme une pinte d'eau, le jus de quatre citrons et le zeste de deux, cinq œufs, coquilles et tout, les blancs bien battus, une once de cannelle, une once de clous de girofle, du sucre au goût, environ une livre et demie et une bouteille de xérès. Mettez le tout dans la poêle et remuez bien. Laissez bouillir une minute ou deux, puis jetez-y une tasse d'eau froide, couvrez bien pendant dix minutes, écumez et passez dans le sac.

GRUAU.

MME. SMYTH.

Une grande tasse de flocons d'avoine, couvrir d'eau froide, bien mélanger et laisser reposer quelques minutes. Filtrer en ajoutant un peu plus d'eau bouillante ou la moitié du lait à l'eau filtrée. Remuez jusqu'à ébullition. Cuire cinq minutes ou plus. Au moment de servir, ajoutez un peu de sel, de sucre et de muscade.

CITRON AU FOUR POUR UN Rhume.

MME. BARROW SEPTIMUS.

Dosez une cuillère à café. Faites cuire un citron jusqu'à ce qu'il soit tendre, retirez tout l'intérieur et mélangez avec autant de sucre que possible, égouttez et laissez refroidir jusqu'à ce qu'il gélifie.

PAIN LECTURE, PETITS PETITS, BIGNETS.

PAIN BRUN BOSTON.

MME. RICHARD TOURNEUR.

Une tasse de farine Graham, une tasse de farine de maïs, une tasse de farine de blé, une grande tasse de raisins secs, une cuillère à café de bicarbonate de soude, une demi-tasse d'eau tiède, une pincée de sel. Vapeur quatre heures : bien tranché et cuit à la vapeur pour le petit-déjeuner.

PAIN COMPLET.

MME. R. STEWART.

Une tasse de farine Graham, une tasse de blé, une tasse de farine de maïs jaune, une tasse de lait sucré, une demi-tasse de mélasse. Une pincée de sel et une cuillère à café de bicarbonate de soude dissoute dans du lait. Mélangez la farine, incorporez la mélasse, puis le lait et le soda. Cuire à la vapeur pendant trois heures.

PAIN FAIT MAISON.

MME. VERRE FRANC.

Faites tremper un gâteau de levure dans un litre d'eau, puis ajoutez six litres de farine et deux cuillères à café de sel. Laissez reposer toute une nuit dans un endroit plutôt tiède. Le matin, complétez avec une autre pinte d'eau et trois pintes de farine. Laisser reposer environ une heure, puis bien pétrir et former des pains, les laisser reposer encore une heure ou jusqu'à ce qu'ils soient bien levés. (Petits pains fabriqués à partir d'une partie de la génoise.) Prenez une partie de la génoise et ajoutez deux cuillères à café de beurre et un œuf.

BISCUIT AU THÉ.

MME. HYDE.

Une pinte de farine (tamisée trois fois), une cuillère à café de crème de tartre, une demi-cuillère à café de soda, deux cuillères à café de sucre, une pincée de sel, une cuillère à dessert de saindoux ou de beurre humidifié avec du lait et du jaune d'œuf battu.

Petits pains à la tire.

Mlle MW HOME.

Réalisez une bonne croûte de biscuit, étalez une pâte à tartiner assez fine avec le mélange suivant. Trois quarts de tasse de cassonade, un quart de tasse de beurre mélangés jusqu'à consistance lisse, roulez comme vous le feriez avec un rouleau-poly, coupez en tranches d'environ un pouce d'épaisseur et faites cuire au four plutôt chaud.

CHIGNON ESPAGNOL.

MME. THOM.

Une tasse et demie de sucre, quatre œufs, laisser de côté les blancs de trois pour le glaçage, trois quarts de tasse de beurre, une tasse de lait, une cuillère à soupe de cannelle, une cuillère à café de gingembre, une demi-muscade, deux tasses de farine, trois cuillères à café de pâtisserie. poudre. Cuire au four dans un moule plat bien graissé . Glaçage. Prenez trois blancs de trois œufs et battez-les jusqu'à obtenir une mousse ferme, puis ajoutez une tasse de cassonade légère, pendant que le gâteau est chaud, étalez -la dessus, remettez au four et faites dorer.

ROULEAUX FRANÇAIS OU TORSIONS.

Mlle LAMPSON.

Un litre de lait, une cuillère à café de sel, une petite tasse de levure de bière et suffisamment de farine pour faire une pâte ferme. Laissez lever, et lorsqu'il est très léger, ajoutez un œuf et deux cuillerées de beurre, et pétrissez avec la farine jusqu'à ce qu'elle soit suffisamment ferme pour rouler. Laissez-le lever à nouveau, et lorsqu'il est très léger, étalez-le, coupez-le en rond ou en tresses ou toute forme préférée. NB L'œuf et le beurre peuvent être omis .

AU BEURRE-LAIT .

MME. FRANC LAURIE.

Un litre de farine, deux cuillères à café de crème de tartre et une de bicarbonate de soude, un petit morceau de beurre de la taille d'un œuf et une cuillère à café de sel ; bien mélanger le beurre dans la farine avec les mains, mettre le sel, la levure chimique dans la farine lors du tamisage, ajouter suffisamment de babeurre pour épaissir. Cuire à four modéré.

MUFFINS GRAHAM.

MADAME JT

Une tasse de farine Graham, une demi-tasse de farine ordinaire, trois quarts de tasse de lait, deux cuillères à soupe de sucre, une grande cuillère à café de levure chimique, une grande cuillère à soupe de beurre, un œuf battu et du sel.

MUFFINS.

MME. GILMOUR.

Beurrer la taille d'un œuf, une cuillère à soupe de sucre, une cuillère à café de sel, deux purées de pommes de terre, une tasse et demie d'eau ou de lait tiède, un gâteau de levure, de la farine suffisamment pour faire une pâte ferme. Laisser lever toute la nuit, et le matin mettre en rondelles beurrées ; remettre à lever jusqu'à ce que les anneaux soient pleins, puis cuire à four lent.

MUFFINS.

MME. HENRY THOMSON.

Deux tasses de lait sucré, quatre tasses de farine, deux œufs, deux cuillères à soupe de beurre fondu, quatre cuillères à café de levure chimique et une pincée de sel.

POPOVERS.

MME. FARQUHARSON SMITH.

Une tasse de farine pour le petit-déjeuner, une tasse de lait, trois œufs et une pincée de sel : battez très bien les œufs, ajoutez-les au lait et incorporez la farine ; le mélange doit avoir la consistance d'une bonne crème anglaise. Beurrer très bien les moules avant d'y mettre la pâte ; n'en mettez pas plus d'une cuillère à soupe dans chacun. Le four doit être très chaud et les popovers ne prendront que dix minutes à cuire.

POPOVERS.

Mlle M'GEE.

Trois œufs bien battus, ajoutez une cuillère à soupe de beurre fondu et un peu de sel, versez ce mélange sur une tasse de farine et ajoutez suffisamment de lait pour obtenir une pâte fine.

GÂTEAU JOHNNY.

MME. STUART OLIVER.

Une pinte de lait aigre, une cuillère à café de soda, un (bon) œuf, du beurre de la taille d'un œuf, deux cuillères à soupe de sucre, environ deux petites tasses chacune de farine indienne et de farine (pour faire une pâte fine.)

GÂTEAU COURT .

MME. STOCKAGE RM.

Une pinte de farine, une tasse de crème sure, une petite cuillère à café de soda, trois œufs.

SABLES.

MME. W. REID.

Placez sur une planche à pâtisserie deux livres de farine tamisée, une livre de beurre (s'il est salé, lavez-le) et une demi-livre de sucre ; cette quantité fera quatre gâteaux. Pétrir le tout et une fois bien mélangé former des gâteaux d'un demi-pouce d'épaisseur, pincer le pourtour, sonder partout avec une fourchette, déposer quelques confits au centre , puis une feuille de papier rigide sous chaque gâteau, déposer sur la plaque à pâtisserie. et cuire au four à feu modéré.

SABLÉ AUX AMANDES.

MME. W. CUISINER.

Une livre d'amandes douces moulues, huit onces de sucre, huit onces de farine tamisée, huit onces de bon beurre. Les jaunes de huit œufs, environ huit gouttes d'essence de ratafia . Vérifiez d'abord que la poudre d'amandes est fraîche. Mélangez-les avec la farine et le sucre puis ajoutez très, très délicatement quelques gouttes de ratafia . Mélangez soigneusement le tout. Faites un espace au centre , et dedans déposez les jaunes des œufs. Faites ensuite fondre le beurre, ajoutez-le et mélangez le tout jusqu'à obtenir une belle pâte ferme et ferme. Cela devrait maintenant être lancé un grand nombre de fois ; on ne peut pas trop rouler. Lorsqu'il est suffisamment roulé pour ressembler à une bande de satin de couleur crème d'un quart de pouce d'épaisseur, coupé en petits carrés avec un couteau bien aiguisé. Pincez les bords de chaque carré et au centre de chaque gâteau, mettez une moitié fendue d'amande émondée. Beurrer les moules et cuire à four modéré jusqu'à obtenir une fine teinte jaune pâle. Ceux-ci sont délicieux et se dégustent particulièrement bien en été avec des fruits.

PAIN COURT SCOTCH.

MME. BLAIR.

Une livre de farine, une demi-livre de beurre, six onces de sucre ; crémer le beurre et le sucre, ajouter la farine. Rouler en boule lisse et travailler jusqu'à un demi-pouce d'épaisseur, opération assez difficile pour un novice, car elle a tendance à se fissurer sur les bords ; mais le tour de passe-passe s'apprend vite, et plus on le travaille, mieux c'est. Piquez avec une petite pique à brochette, parsemez de gros confits de carvi et enfournez lentement, un brun pâle.

BEIGNETS DE BANANE.

MME. GEORGE ELLIOTT.

Prenez six bananes, épluchez-les et trempez-les dans le blanc d'œuf battu, puis roulez-les dans la chapelure . Faire revenir dans le beurre jusqu'à ce qu'il soit doré. Disposez-les sur un plat, pressez dessus du jus de citron, ainsi qu'un peu de sucre tamisé.

BEIGNETS AUX POMMES.

MME. HARRY-LAURIE.

Trois pommes acidulées, deux œufs ; une tasse de lait; une cuillère à café de sel ; environ une tasse et demie de farine; une cuillère à café de levure chimique. Parer et épépiner les pommes; coupez-les en rondelles; saupoudrer de sucre et de cannelle; tenez-vous de côté pour l'utiliser. Battre les œufs sans les séparer jusqu'à ce qu'ils soient légers; ajoutez le lait, le sel et suffisamment de farine pour obtenir une pâte molle; bien battre et ajouter la levure chimique; battre à nouveau ; Préparez une poêle bien chaude de saindoux, trempez chaque rondelle de pomme dans la pâte, déposez-la dans la graisse et faites-la revenir jusqu'à ce qu'elle soit dorée. Servir chaud, saupoudré de sucre en poudre.

CRÊPES FRANÇAISES.

MME. BENSON BENNETT.

Quatre œufs, le poids de quatre œufs dans le beurre, le sucre et la farine, une demi- cuillère à café de soda, une demi-cuillère à café de crème de tartre. Autant de lait que pour faire une pâte. Battre le beurre et le sucre en crème, ajouter les quatre œufs bien battus et incorporer tous les autres ingrédients. Cuire dans des assiettes en fer blanc.

HAGGIS ÉCOSSAIS.

MME. ANDREW T. AMOUR.

Faites bouillir une potion de mouton pendant trois quarts d'heure dans autant d'eau qu'elle peut la recouvrir. Râpez le foie et hachez très finement le cœur et les lumières. Hachez deux livres d'oignons et deux livres de suif de bœuf, ajoutez trois ou quatre poignées de flocons d'avoine avec du poivre et du sel au goût. Après avoir bien mélangé ces ingrédients, mettez-les dans le sac avec un peu des ébullitions de la potion. Bien ramasser le sac pour éviter qu'il n'éclate. Il faut de trois à quatre heures d'ébullition, donc si vous le préparez un jour ou deux avant de l'utiliser, il est préférable de le faire bouillir deux heures après sa préparation et deux heures avant de l'utiliser. Il faut prendre grand soin à ce que le sac soit très particulièrement gratté et nettoyé par des lavages fréquents à l'eau et au sel. Il est préférable de faire bouillir le foie, le cœur, etc. avant de pouvoir les râper facilement. La moitié de cette recette donne un Haggis de très bonne taille .